1 MONTH OF
FREE
READING

at
www.ForgottenBooks.com

By purchasing this book you are eligible for one month membership to ForgottenBooks.com, giving you unlimited access to our entire collection of over 1,000,000 titles via our web site and mobile apps.

To claim your free month visit: www.forgottenbooks.com/free466361

ISBN 978-0-656-65192-4
PIBN 10466361

Die

WANZENARTIGEN

INSECTEN.

—⧽⧽✦⧸⧸—

Getreu nach der Natur abgebildet und beschrieben.

————————

(Fortsetzung des Hahn'schen Werkes.)

Von

Dr. G. A. W. Herrich-Schäffer.

Vierter Band.

Mit 36 fein ausgemalten Tafeln.

NÜRNBERG,

in der Zeh'schen Buchhandlung.

1839.

Druck der Campeschen Officin.

Tab. CIX. Fig. 339.

Pachycoris nepalensis.

P. niger nitidus, fascia lata, nigro-bimaculata, in postico thorace, alteraque dentata per medium scutelli, hujusque margine apicali sanguineis.

Verkehrt eiförmig, ziemlich convex, glänzend schwarz, fein dicht punktirt, an den Fühlern, Beinen und der Unterseite schön violett glänzend. Blutroth ist: 1. die grössere Hinterhälfte des Thorax, zwei grosse runde schwarze Flecke einschliessend, 2. ein breites Querband über die Mitte des Schildchens, nach vorne 4, nach hinten 3 stumpfe Zähne bildend, 3. der Rand des hintern Drittheils des Schildchens, nach vorn in 3 gerade Linien auslaufend, deren seitliche das Querband erreichen.

Herr Sturm erhielt diese Art unter obigem Namen von Herrn Hope in London aus Nepal.

Tab. CIX. Fig. 340.

Scutellera Schönherri.

S. coccineus, oparus, antennis, pedibus, vittis duabus capitis, thorace postice, medio interrupte, scutelli

maculis duabus pone basin, duabus apicalibus, elytrisque violaceo chalybeis.

Eschscholtz Entomographien 155. 72. t. 2. fig. 1.

Eine schöne, grosse Art von den Philippinischen In-
seln, woselbst sie sehr gemein ist, durch Herrn Sturm
mitgetheilt.

Oval, hinten und vorn abgesetzt zugespitzt, nicht sehr
convex. Dicht fein punctirt, matt scharlachroth. Stahlblau sind: Fühler, Beine, Decken, zwei Längsstriemen des
Kopfes, der breite Hinterrand des Thorax, in der Mitte
unterbrochen, zwei Flecken an der Mittellinie des Schildchens, nahe der Wurzel, zwei andere dicht vor der Spizte,
unten die Seitenränder der drei Brustlappen.

Tab. CIX. Fig. 341. u. 342.

Scutellera Banksii.

S. cyanea, nitida, thoracis macula triloba, scutelli lunula utrinque, maculisque tribus posticis, abdominis incisuris ventreque coccineo.

Donovan.

Im Umriss der vorigen ganz gleich, halb so gross,
glänzend violettblau; die scharlachrothe Zeichnung erhellt
aus der Abbildung. Bauch dunkelblutroth, in der Mitte
schwärzlich.

Fg. 342. ist nur Varietät mit mehr Roth; dies zeigt
sich nämlich ausserdem noch als Mittelfleck des Kopfes,
als grösserer Fleck auf dem Thorax, als Mittellinie des

Schildchens, an deren Hinterhälfte jederseits kleine Fleckchen zahnartig hängen; die drei Flecken vor der Spitze
sind zusammengeflossen, die Brust ist gegen die Hüften
hin, der Bauch ganz roth, an diesem zwei Mittelflecken
mattschwarz und jederseits drei Randflecken stahlblau.

Beide Exemplare von Herrn Sturm; aus Java.

Tab. CX. Fig. 343.

Pachycoris mexicanus *mihi.*

P. coccineus, subnitidus, punctis duobus in antico
thorace, duobus basalibus scutelli, antennis, femorum apice, tibiis et tarsis nigris.

Oval, mit parallelen Seiten, convex, scharlachroth,
dicht fein punktirt, von mittlerem Glanze. Schwarz ist:
Fühler, Spitze des Kopfs und der Schenkel, die Schienen
und Tarsen, die Decken, die tiefen Stellen der Brust, zwei
Fleckenreihen jederseits am Bauch, die äusseren zusammenhän-
gend und zwei Flecken in der Mittellinie vor dem After.

Beide Geschlechter von Herrn Sturm; aus Mexico.

Tab. CX. Fig. 344.

Pachycoris deplanatus *mihi.*

P. obovatus, postice depressus, ochraceus, opacus,
vittis obliquis obsoletis fuscioribus; maculaque angu-
lata ferruginea ad basin scutelli.

Tab. CX. Fig. 345.

Pachycoris guttatus *mihi.*

P. ovalis, convexus, fuscus, nitidus, undique
ochraceo - adspersus.

Grösse und Form von P. pedemontanus, doch vorn
und hinten spitzer; im Umriss dem Pentatpunctatum L.
noch ähnlicher, aber grösser, und hinter den Ecken des
Thorax nicht so verengt.

Dunkelbraun, glänzend, dicht punktirt; zwischen den
Punkten kleine, unpunktirte, glatte, ockergelbe Stellen,
am deutlichsten eine unterbrochene Mittellängslinie und
zwei Punkte an der Wurzel des Schildchens; ganz gelb
der Aussenrand am Thorax, Decken und Bauch. Beine
dunkelbraun, nur an den Gelenken lichter.

Aus Georgien in Amerika. Von Herrn Sturm.

Tab. CX. Fig. 346.

Pachycoris exilis *mihi.*

P. fuscogriseus, punctatus, nigro - reticulatus, thoracis margine externo pallido.

Dem Pentat. intermedium in Grösse und Umriss am nächsten, doch etwas breiter. Ockerbraun, matt, schwarz punktirt; diese Punkte häufen sich stellenweise in Querwellenlinien, wodurch eine Art von dunklerem Netz entsteht. In der Flügelspitze bemerkt man 3 dunkle Längsfleckchen, der Kopf hat schwachen Erzglanz.

Aus dem nördlichen Amerika; von Herrn Sturm.

Tab. CXI. Fig. 347. u. 348.

Pachycoris Klugii.

P. chalybeus, supra niger, maculis aurantiacis: thoracis 8 (1. 4. 3.), scutelli 14 (5. 4. 3. 2.), interdum confluxis.

Burmeister Ent. Handb. II. p. 392. 3.

Von dieser Art theilte mir Herr Sturm drei zuverlässig zusammengehörige, auf den ersten Blick aber sehr verschiedene Exemplare mit. Unterseite, Fühler und Beine dunkelstahlgrün, unbezeichnet; von der Oberseite scheint die schwarze Farbe mit orangen Flecken als Regel angenommen werden zu müssen; die Stellung der Flecke erhellt am besten aus der Abbildung; bei einem Exemplar, welches zwischen den beiden abgebildeten die Mitte hält,

flossen, die 3 mittleren an der Wurzel des Schildchens fliessen nach · hinten in das ausserdem orange Schildchen, auf welchem ausser den hiedurch gebildeten vier schwarzen Flecken an der Wurzel noch vier andere in einer Mittelquerreihe stehen, deren äussere den Aussenrand erreichen. Beim dritten (Fig. 247. abgebildeten) Exemplar herrscht die orange Farbe ganz vor, so dass nur die feinen Ränder am Thorax, seine Vorderwinkel, vier Flecken in einer Querreihe und die zwei Gruben an der Wurzel des Schildchens schwarz bleiben.

Von St. Domingo.

Tab. CXI. Fig. 349.

Pachycoris Fabricii.

P. cinnamomeus, opacus, maculis luteis, nigro tenue cinctis, thoracis 8 (1. 4. 3), scutelli 14 (5. 4. 3. 2); subtus chalybeo - micans.

Tetyra *Fabr*. Syst. Rhynch. 132. 19.

Cimex *Linn.* Mantiss. 534. — *Fabr.* Ent. syst. 4. 83. 14.

Convexer und kürzer als vorige Art. Zimmtroth, oben glanzlos, unten und an den Beinen mit stahlblauem Schimmer, unter dem jedoch die Grundfarbe deutlich bleibt; Fühler ganz stahlblau. Die Flecke sind kleiner als bei voriger Art, runder und schwarz umschnitten, welches Schwarz sich jedoch in die Grundfarbe verliert. Hahn's deres, welches ganz zur Beschreibung von P. Schusboei *Fabr.* passt, unterscheidet sich nur durch helleres Roth, fast purpurroth, welches auch die Fleccke, besonders ihren Kern, schwach überzieht, und auch gegen die Grundfarbe hin scharf abgeschnittene schwarze Einfassung der Flecke. Aus Brasilien.

Tab. CXI. Fig. 350.

Pachycoris guttula *mihi.*

P. violaceus, subtus chalybeo-nitidissimus, supra subopacus, maculis aurantiacis aut flavis, thoracis 10 (3. 2. 5), scutelli 14 (5. 4. 3. 2); entris serie utrinque.

Wolf beschreibt diese Wanze sehr genau als T. Fahrieii Nr. et Fig. 87. seine Abbildung zeigt aber die Flecke unrichtig. Sie ist um $\frac{1}{3}$ kleiner als die vorige, unten und an den Beinen schön violett mit starkem stahlgrünem Glanz, oben schwärzlich violett, wenig, doch mehr glänzend als die vorige. Die Flecke sind bei einem Exemplar fast mennigroth, bei zwei anderen schwefelgelb, ohne besondere schwarze Ringe; die auf dem Thorax stehen ganz anders, indem drei am Vorderrande stehen, deren seitliche nierenförmige, die Vorderwinkel einnehmen, drei in der Mitte wie bei voriger Art, aber vier am Hinterrande, deren äussere, sehr kleine, dicht vor der Ecke stehen. Unten sind die Hüften und die Ecken des Thorax, dann eine Reihe von zwei bis vier Punkten jederseits am Bauche gelb, in seiner

Tab. CXII. Fig. 351.

Pachycoris flavicinctus *mihi.*

P. brunneus, margine thoracis et scutelli
late, illius vitta, hujus fascia media sulphurei
pite, femorum basi maculisque ventris auranti

Oval, vorn und hinten etwas zugespitzt und st:
wärts geneigt. Sammtartig matt, fein punktirt,
kirschbraun, Kopf orange mit 3 schwarzen Punkte
Ränder des Thorax und Schildchens breit schwei
nur der hintere des Thorax schmal; in seinem vc
4 schwarze Punkte, Einer in jeder Hinterecke; aus
ein Mittellängsband gelb. Am Schildchen führt di
Wurzel 2 schwarze Punkte, und über seine Mitt
ein stumpfwinkelig rückwärts gebrochenes gelbes
band. Unten sind in schwarzgrünem Grunde jec
3 Flecke der Brust, die Schenkel bis gegen die
der breite Aussenrand des Bauches und 3 Reihen
sammengeflossener Flecke in seiner Mitteorange.

Aus Mexico. Von Herrn Sturm.

Tab. CXII. Fig. 352.

Pachycoris rubrocinctus *mihi.*

P. niger, capite, thoracis lateribus et vitta media, scutelli marginibus (excepto basali) fasciaque media arcuanta sanguineis.

Der vorigen sehr nahe verwandt, doch hinten nicht, so spitzig, und ganz anders gefärbt.

Schwarzbraun, ziemlich matt. Blutroth ist: 1) der Kopf, an den Rändern fein, vorn und hinten breit schwarz; der Vorder- und Seitenrand des Thorax breit, dann ein Mittellängsstreif desselben; im Vorderrand stehen 4 schwarze Flecke, auch sind die Hinterecken schwarz; 3) alle Ränder des Schildchens, mit Ausnahme seiner Wurzel, und ein, weniger scharf als bei voriger Art gebrochenes Mittelquerband.

Aus Mexico. Von Herrn Sturm.

Tab. CXII. Fig. 353.

Pachycoris variabilis *mihi.*

P. ruber, capite chalybeo, thorace et scutello cyaneo - lacerato - maculatis.

Gestalt und Grösse so ziemlich von T. maura, doch

Der vorigen nahe verwandt; unten glänzend schwarz, oben schwarzblau mit grossen unregelmässigen goldgrünen Flecken, deren Anlage aus der Abbildung erhellt.

Aus Mexico. Von Herrn Sturm.

Herr Geh. Rath Klug belehrte mich, dass diese und die vorige Abbildung zu Einer Art gehören.

Tab. CXIII. Fig. 355.

Pachymerus decurtatus.

P. elongato - ovatus, niger, cinereo - velutinus, thoracis angulis posticis, elytrorum brevium marginibus et linea media basali, femorum apice, tibiis et tarsis luteis; femoribus inermibus.

Von Herrn Professor **Kunze** bei Leipzig entdeckt, woselbst er in Gräben häufig vorkommt.

Nach **P.** staphyliniformis die längste und schmalste Art dieser Gattung, lang eiförmig, hinten breiter. Schwarz, durch dicht anliegenden Filz mäusegrau schimmernd; Fühler und Beine lang schwarzhaarig. Thorax ungerandet, breiter als lang, ohne Quereindruck, mit etwas abwärts gedrückten, gerundeten, stark rückwärts vortretenden lehmgelben Hinterwinkeln. Die Decken nur $\frac{1}{3}$ so lang als der Hinterleib und ohne Spur von Membran, sind dunkelbraun mit lehmgelber Einfassung und drei gelben Stralen aus der Wurzel, deren mittlerer, dünnerer, die Grenze des Clavus bezeichnet. Unterseite glänzender schwarz, Beine rostgelb, Wurzel der Hüften, Mitte der Schenkel und Endglieder der Tarsen schwarz.

Meine vier von Herrn Kunze erhaltenen Exemplare sind Weiber.

Nach dem Stich der Platte erhielt ich von Herrn Dr. Friwaldsky aus Pesth ein vollständig entwickeltes Exemplar mit ganzen Flügeln, etwas längerer Hornhaut der Dekken und bräuner, vieraderiger Membran, die am Innen- und Aussenrand weiss, deren hintere Hälfte aber zufällig abgebrochen ist.

Tab. CXIII. Fig. 356.

Pachymerus sabuleti.

P. thorace sulco medio transverso profundo, lateribus immarginatis; niger, opacus, hemelytris fuscis, pedibus ferrugineis: femoribus apice late nigris, membranae fuscae nervis albido - cinctis.

Lygaeus *Fall.* Hem. n. 23.
Pachybrachius luridus *Hahn* icones ad Monogr. Cimic. fasc. 1. n. 18.

Fühlerglied 2. und 3 röthlichbraun, vordere Hälfte des Thorax fast kuglig; Decken mit hellerer Wurzelhälfte des Aussenrandes, einem solchen Punkt vor dem Anhang und einigen in der Mitte. Brust und Hüftstücke schwarz, Vorderschenkel mit 6 bis 7 Zähnen, je ein grosser und kleiner abwechselnd.

In der Oberpfalz und bei Passau beide Geschlechter.

Tab. CXIII. Fig. 357.

Pachymerus praetextatus.

P. niger, nitidus, antennarum articulis 1 et 2

Ein Weibchen, aus Spanien, von Dr. Waltl. In der Berliner Sammlung steckt ein Exemplar mit ganz gelbem zweiten Fühlerglied.

Tab. CXIII. Fig. 358.

Pachymerus pulcher *mihi.*

P. niger, antennis, thoracis dimidio postico, lineolis 2 apicalibus scutelli, hemelytris pedibusque croceis, antennarum articulo primo basi, tertio apice, quarto excepta basi, alba, fuscis; thoracis hemelytrorumque margine laterali, maculaque appendicis late nigro cincta, apiceque membranae albis, femorum anteriorum annulo ante apicem nigro.

Dem pineti sehr nah, blos durch etwas längeren Thorax, die ganz andere Färbung und den bis zum Aussenrand reichenden schwarzen Fleck vor dem Anhange der Decken verschieden. Dem pedestris in der Färbung ähnlicher, doch frischer und viel länger gestreckt.

Tab. CXIV. Fig. 359.

Monanthia lupuli *Kunze.*

M. grisea, antennarum articulis 1, 2, 4, capite, thoracis disco subdepresso, elytri singuli maculis duabus, femoribusque nigris.

Noch kleiner als M. convergens; Fühlerglied 1 und 2 und die Schenkel bis gegen die Spitze schwarz, die Seitenkiele des Thorax kurz, ganz gerade, die Mittelfläche schwarz, viel schmaler als bei M. convergens, viel weniger niedergedrückt als bei humuli, regelmässiger gegittert als bei beiden.

Von Herrn Prof. Kunze unter obigem Namen mitgetheilt, ich fand sie dann auch unter meinen Vorräthen, mit humuli und convergens vermengt.

Tab. CXIV. Fig. 360.

Monanthia echii *Wolff.*

M. grisea, grossius reticulata, fusco-maculata, thoracis nigri carinis parallelis, lateralibus antice abbreviatis, lateribus pallidis, declivibus, disco non elevatioribus.

Tingis *Wolff* fig. 124.

T. echii Fabr. Syst. Rh. 126. 8. passt nicht ganz;

Schenkel fast bis zur Spitze und die Fühlerglieder 1, 2, 4 schwarz.

Tab. CXIV. Fig. 361.

Monanthia convergens *Klug*.

M. grisea, grossius reticulata, fusco - maculata, thoracis carinis parallelis, lateralibus antice abbrevia-tis, lateribus tumidis, disco parum elevatioribus, non latioribus.

M. *Burm.* n. 5.

T. humuli F. S. R. 7. — E. S. 43. passt besser hie-her als zu einem M. echii, mit welcher sie Burmeister vereinigt.

Der humuli äusserst nah; etwas kleiner, der Thorax gewöhnlich blass und nur hinter der Halsblase beiderseits am Mittelkiel ein wenig schwarz, selten in der Mitte schwarz, wie bei humuli, das Schildchen bleibt aber immer bleich. Die wulstigen Ränder des Thorax sind viel weniger erho-ben, schmaler und feiner gegittert.

Tab. CXIV. Fig. 362.

Monanthia costata.

M. grisea, grossius reticulata, fusco - maculata, thoracis carinis lateralibus antice abbreviatis, postice

bewaffnet, schwarz, Fühler und Beine rothgelb, Thorax schwarz; die nach hinten undeutlich begrenzte quereiförmige Halsblase, die Kiele und die wulstigen Seiten, die Spitze des Schildchens, so wie die vor demselben etwas verdickten Enden der Kiele bleichbraun. Decken blass, auf der Mitte und am Ende des Kubitalnervs steht ein schwarzer Fleck; schwarz sind auch die Adern, welche die in einfacher Reihe stehenden Randzellen trennen, zwischen welchen nur hie und da kleine dreieckige Zellen eingeschoben sind.

Bei Regensburg ziemlich selten.

Anmerkung. Die Fabricische T. costata ist dies gewiss nicht, wie Herr Burmeister meint; diese passt, mit Ausnahme der ganz schwarz seyn sollenden Fühler ganz zu T. melanocephala Panz., welche auch Germar fauna 18. tab. 25. unter dem Namen Costata abgebildet und Fallén beschrieben hat.

Tab. CXV. Fig. 363.

Edessa notata *Klug.*

E. antennis, 4-articulatis olivacea, spinis thoracis obtusissimis, subcapitatis, elytris fuscis flavo nervosis.

Burm. Handb. p. 354. 1.

Der E. grossa ähnlich; Fühler nur viergliederig, die Glieder viel länger, 2 — 4 an Länge ein wenig zunehmend. Thorax dicht grob, Schildchen etwas feiner und sparsamer punktirt, ohne dazwischen stehende feinere Punkte. Die Breite des Thorax über die ganz stumpfen, am Ende knopfartig erweiterten und glatten Dornen ist geringer als die Länge vom Kopf bis zur Spitze des Schildchens. Die Mittelader der Decken gabelt sich vor der Mitte in zwei gleiche Arme. Die Schenkel sind in der Mitte braun, die Brust führt jederseits einen grauen matten Fleck.

Aus Brasilien; von Herrn Sturm.

Tab. CXV. Fig. 364.

Edessa grossa *mihi.*

E. olivacea, spinis thoracis obtusis, postice crenatis, elytrisque fuscis, his flavo nervosis.

Thorax und Schildchen ist sparsam fein- und dazwischen wieder sparsam ganz grob punktirt. Seine Breite über die stumpfen, an der Rückseite eingekerbten Dornen ist grösser als die Länge vom Kopf bis ans Ende des Schildchens. Der Mittellängsnerv der Decken gabelt sich in der Mitte, der äussere Arm bildet einen Vorsprung nach Aussen.

Von Herrn Sturm; aus Brasilien.

NB. Das fünfte Fühlerglied fehlt diesem Exemplar.

Tab. CXV. Fig. 365.

Edessa elegans *mihi.*

E. per thoracem latior ac longior, ochracea, fasciis duabus thoracis, maculis scutelli et abdominis viridibus, scutelli apice flavo.

Thorax und Schildchen mit einzelnen, groben Punkten, an ersterem der Vorderrand und zwei Querstreifen, an letzterem zwei Wurzelflecke und ein Schatten vor der V-förmig blassgelben Spitze grün; Decken in der Mitte purpurbraun; Hinterleibsrand auf jedem Einschnitt grün. Die Breite über die langen, schlanken, etwas vorwärts geschweiften, an der ziemlich scharfen Spitze wieder rückwärts gebogenen Dornen ist bedeutender als die Länge des ganzen Insekts.

Tab. CXV. Fig. 366.

Edessa cervus *Fabr.*

E. Olivacea, spinis thoracis longis, apice emarginatis, elytris fuscis, costa luteis.

F. S. Rh. 146. 2. — *Burm.* Handb. 354. 3.

Schlanker als die vorigen, in der Mitte der Decken nicht bauchig erweitert; gelblich, auf dem Thorax und vor dem Ende des Schildchens lauchgrün gemischt; die beiden letzten Fühlerglieder weisslich. Die Breite des Thorax bedeutender als die Länge vom Kopf bis zur Spitze des Schildchens, die Punktirung grob und dicht, die Dornen gerade seitwärts stehend, am Ende in einen glatten Knopf erweitert, unter dem eine stumpfe Spitze vorragt.
Aus Brasilien.

Tab. CXVI. Fig. 367.

Cimex irroratus *mihi.*

Dunkelbraun, etwas glänzend, dicht ziemlich fein punktirt, mit sparsamen weissen erhabenen Punkten. Unterseite bleichgelb gesprenkelt, Beine bleichgelb mit grossen schwarzen, auf den Schenkeln ringartig gehäuften Punkten. Der vorstehende Rand des Hinterleibs auf jedem Segment mit röthlichem Mittelfleck.

Herr Sturm theilte mir ein männliches Exemplar aus
Iexico mit, es unterscheidet sich von dem hier abgebilde-
en weiblichen durch etwas dünnere Fühler, weniger vor-
värts gerichtete Ecken des Thorax und die Unterseite,
velche bei letzterem mennigroth ist mit drei aus schwar-
en Punkten gehäuften Längsstreifen.

Tab. CXVI. Fig. 368.

Cimex ypsilon *Fabr.*

C. aeneofuscus, thorace utrinque spina acuta,
ɔecta, antice maculis duabus, singula singuli elytri,
scutelloque flavis, hujus macula basali, alteraque
ɔtrinque anteapicali fuscis.

Schmutzig braungelb, oben metallisch braun, ziemlich
licht punktirt, 2 Flecke vorn am Thorax, einer in der
Vlitte jeder Decke glatt, gelblich; von gleicher Beschaffen-
ɔeit ist das Schildchen, doch führt es einen grossen brau-
ɔen punktirten Fleck in der Mitte der Wurzel und einen
ɔchmalen solchen Randstreif jederseits vor der Spitze. Beine
ɔchwarz punktirt, Bauch mit Längsreihen bleicher Flecke.
Eine der gemeinsten Arten in Brasilien.

Tab. CXVI. Fig. 369.

Cimex victor *Wolff.*

C. fuscus, capite medio, thorace utrinque acute
spinosis, scutelli apice miniaceo; antennarum articulis
3 — 5 basi pedibusque pallidis, his nigro irroratis.

Dunkelbraun, gleichmässig grob punktirt, mit kleinen,
glatten, röthlichweissen, erhabenen Stellen oben und unten. Bemerkenswerth ist die stark vorragende Mittelspitze
des Kopfes und die erhabene Leiste am Vorderrand der
Dornen des Thorax.

Zwei Weibchen von Herrn Sturm, aus Brasilien.

Tab. CXVII.

Genus Ophthalmicus *Hahn.*

Zu den auf Tab. XIV. des ersten Bandes gegebenen
Gattungsmerkmalen liefere ich hier noch:

A. Ansicht des Kopfes (ohne Schnabel) und der Brust

D. Derselbe des Weibes von O. frontalis

E. Eine Decke.

F. Ein Hintertarsus.

Tab. CXVII. Fig. 370.

Ophthalmicus albipennis *Fall.*

O. niger elytris pedibusque testaceis.

Salda *Fabr.* S· Ryngot. 114. 5.
Fall. Hemipt. p. 70. 2.

Die hier abgebildete Art erhielt ich von Herrn Dr.
Frivaldszky aus Rumelien unter dem Namen O. vittatus.
Ich halte sie für einerlei mit O. albipennis Fahr. u. Fall.,
nur wäre in Beider Beschreibung einiges übersehen. Gestalt und Grösse von O. ater, Kopf spitzer, Fühler länger,
Glied 2 am Ende, 3 und 4 braungelb. Thorax mit derselben gelben Linie. Decken nach hinten weniger punktirt, braungelb, am Afterwinkel schmal, am Aussenrand
breit nussbraun. Beine braungelb, die Hinterschenkel braun,
die Brust weissfleckig.

Beide Geschlechter mit kurzer Membran.

Tab. CXVII. Fig. 371.

Ophthalmicus frontatis *Friv.*

O. niger, capite pedibusque aurantiacis.

Breiter als die übrigen Arten, der Hinterleib nicht so vorstehend. Glänzend schwarz, Kopf und Beine orange, die Hinterschenkel bisweilen schwärzlich. Fühlerglied 1 u. 2 oben an der Spitze weiss, 3 an der Spitze und 4 rothbraun., Kopf fein runzlich, Thorax und Schildchen grob punktirt, ersterer mit zwei glatten Querschnitten. Decken mit drei Reihen grober Punkte am Innenrand. Membran weisslich glashell, mit runzligem Rande, und ausserdem drei Längsnerven, Brust mit weissen Flecken.

Unter obigem Namen von Herrn Dr. Frivaldszky aus Rumelien mitgetheilt.

Tab. CXVIII. Fig. 372.

Monanthia obscura *mihi.*

M. nigricans, ovata, antrorsum angustata, thorace tricarinato, elytrorum costa serie cellularum simplici.

Burmeisters M. pusilla Nr. 8. möchte wegen der dunklen Farbe und der Grösse eher bieher passen.

Es folgen hier vier sehr nahe verwandte Arten von
Tingis F. alle durch die nicht gekreuzten Decken und den
Mangel der Flügel ausgezeichnet. Die beiden ersteren zeichnen sich durch einfache Zellenreihe am Aussenrande der
Decken aus, jederseits vor dem Auge steht ein Dorn, der
aber schwer zu sehen ist, weil er sich ans erste Fühlerglied anlegt; die erste zeichnet sich durch ihre hinten sehr
breite, vorn sehr spitze Eiform und dunkle, fast schwarze
Farbe aus, nur Fühlerglied 1—3 und die Beine, mit Ausnahme der Schenkel sind dunkelbraunroth; die Kiele des
Thorax convergiren nach vorne deutlich, die der Decken
schliessen ein Oval ein.

Im Winter unter Moos bei Regensburg.

Tab. CXVIII. Fig. 373.

Monanthia pusilla.

M. cinerea, ovata, thorace tricarinato, elytrorum
costa serie cellularum simplici.

Tingis *Fall.* Hem. p. 146. n. 8.

Diese zweite Art hat mehr eine schmale, hinten weniger bauchige Eiform, schwarze, dickere Fühler, graue
Farbe des Thorax und der Decken, fast weissliche der Halsblase, hinten kaum erweiterten Thorax, viel längere Decken,
deren beide Kiele fast parallel laufen und weiter hinten
sich vereinigen.

Zwischen diesen, beiden Arten hält T. carinata Pz. faun.
99. 20. genau die Mitte, so dass es fast scheint, sie gehören
alle drei zusammen. Burm. Nr. 7. — Tingis cassidea
Fall. Hem. 7. — Burmeister nennt Fühlerglied 1 — 3
und Beine « lutea;» die Schenkel sind immer schwarz, die
Fühler oft schwarzbraun.

Tab. CXVIII. Fig. 374.

Monanthia brunnea *Germar.*

M. ochracea, capite nigro, antennis pedibusque
brunneis, thorace unicarinato, elytrorum costa serie
cellularum duplici, disco opaco, subtilus reticulato;
verticis spinis subconvergentibus.

Tingis brunnea *Germar.* Fn. 18. 23.

Die beiden nun folgenden Arten sind grösser, röth-
licher gefärbt, und haben eine doppelte Zellenreihe am
Aussenrand der Decken, jederseits vor dem Auge einen
spitzen abstehenden Dorn; beide sind von Germar fasc.
18. abgebildet; doch werden gegenwärtige Abbildungen
nicht überflüssig seyn. Der erste, breitere, fast ockergelbe,
hat nur Einen Kiel des Thorax, an welchem jederseits nach
vorne 2 schiefe dunkle Schwielen liegen; die Oberfläche
des ganzen Körpers ist viel feiner gegittert als der Rand,
und undurchsichtig. Die beiden Scheiteldorne convergiren
beinahe.

Tab. CXVIII. Fig. 375.

Monarthia cervina *Germar*.

M. grisea, capite nigro, antennis pedibusque brunneis, thorace tricarinato, elytrorum costa serie cellularum duplici, disco aequaliter reticulato; verticis spinis divergentibus.

Tingis. *Germar*. Fn. 18. 22.

Diese letzte Art ist schmaler, mehr gleichbreit, ihre
Farbe ist mehr bleich röthlichgrau, Fühler und Beine wie
dort rostroth, das Endglied der ersteren schwarz. Kopf
schwarz, Thorax mit drei deutlichen Kielen, hinter der
Halsblase stark vertieft. Das Gitter der Oberfläche ist
kaum feiner als das des Randes, und überall durchscheinend; die beiden Scheiteldorne divergiren deutlich.

Tab. CXIX. Fig. 376 a u. b.

Trigonosoma Galii *Wolff.*

T. latior ac longior, subglobosa, thoracis angulis
subprominulis, testacea, punctata, transverse rugulo-
sa, capite, thoracis et scutelli parte antica ferrugineis.

Burm. Handb. II. 1. p. 389. — Tetyra. *Wolff.* Fig. 91.

Auffallend durch ihre Form, welche fast breiter als
lang ist; und die fast verticale vordere Fläche des Thorax
und Kopfes, welche in Fig. b. bis zur mittlern Querlinie
des Thorax dargestellt ist. Lehmgelb, eingestochen punktirt und querrunzelig, Kopf, Thorax vorne bis zu zwei
circumflexförmigen Eindrücken und Wurzel des Schildchens roströthlich. Der Hinterleibsrand jederseits mit fünf
und hinten mit zwei glatten Knötchen. Schenkel unten,
Schienen aussen gezähnelt.

Aus Ungarn, von Herrn Fieber in Prag mitgetheilt.

Wolff Fig. 91. stimmt nicht ganz, besonders treten die Ecken des Thorax zu stark vor.

Tab. CXIX. Fig. 377.

Tetyra neglecta *mihi.*

T. parva, tibiis spinulosis, testacea, nigro punctata, verrucosa, linea longitudinali pallida, thoracis
angulis truncatis.

Der T. tuberculata (Deutschl. Ins. Heft 135. 2.) äusserst nah, dichter und gröber punktirt, mit sparsameren,
kleineren, niedrigeren und weissen Warzen, mit kaum
merklich erhabener Mittellinie, welche überall hellfarbig,
und auf der Mitte des Schildchens sich allmählig, ohne einen Höcker zu bilden, abwärts neigt. In der Mitte des

Schildchens führen die Hohlpunkte einen erhabenen, glatten Mittelpunt, gegen die Seiten hin stehen sie in unregelmässigen Querreihen, wodurch die Oberfläche runzlich erscheint.

Ein weibliches Exemplar von Herrn Dr. Frivaldszky aus Ungarn.

Tab. CXIX. Fig. 378.

Pachycoris caudatus *Klug*.

P. luteus, punctatus, fusco-vittatus, scutello abdomine longiore, caudato.

Burm. Ent. Handb. II. 1. p. 392. 6.

Dem P. grammicus (Hahn Fig. 138.) äusserst nah; etwas kleiner und schlanker, Kopf länger, Ecken des Thorax mehr vortretend, Spitze des Schildchens lang und schmal, den Hinterleib überragend, etwas aufwärts gebogen; Farbe mehr ledergelb, die dunklen Stellen mehr saftbraun als purpurröthlich, die Punktirung feiner, aber schwarz. Unten sind am Bauchrand drei Reihen glatter Höckerchen sichtbar.

Aus Sicilien, von Herrn Fieber in Prag mitgetheilt.

Tab. CXIX. Fig. 379.

Podops galgulinus *mihi.*

P. cinnereus, fusco - nebulosus, pallido - verrucosus, capite trilobo, thoracis angulis retrorsum excisis, abdominis margine utrinque quinque - tuberculato.

Die einzige mir bis jetzt bekannte europäische Art dieser Gattung; etwas kleiner als der brasilische P. gibbus; eine kurze Eiform, hinter der Mitte breiter. Kopf gross, viereckiger, die Seitenstücke liegen tiefer als das Mittelstück; Thorax mit starkem Quereindruck durch die Mitte, sehr breitem, rechtwinkelig gestuztem Halse mit 2 gelben Wärzchen, wenig vorragenden, am Hinterrand eingebogenen Ecken. Hinterleibsrand jederseits mit fünf glatten Wärzchen. Die ganze Oberfläche gelblichgrau, dicht eingestochen - punctirt, mit zerrissenen rostbraunen Flecken und kleineren schwarzen. Schenkel schwarzfleckig, vor dem Ende mit Einem, Schienen mit zwei schwarzen Ringen.
Ein weibliches Exemplar von Herrn Dr. Frivaldszky aus Ungarn.

Tab. CXX. Fig. 380.

Capsus setulosus *mihi.*

C. pallide virens, undique nigro setulosus, thorace punctis 6, scutelli duobus nigris, antennarum articulis 1 et 2 crassissimis.

Eine durch die Fühlerform, die starken schwarzen Borsten und die sechs tief schwarzen, in einen Bogen gestellten Fleckchen des Thorax ganz ausgezeichnete Art, von welcher mir Hr. Frivaldszky ein Weib aus Ungarn mittheilte.

Tab. CXX. Fig. 381.

Capsus infusus *mihi.*

C. miniaceus, thorace postice, scutello, hemelytrorum apice et appendicis basi nigris, abdomine fusco.

Eine nicht leicht zu verkennende, doch wie es scheint, wegen ihrer Seltenheit und ihres einzelnen Vorkommens übersehene, auch bei Regensburg einheimische Art. Ausser der Farbe zeichnet sie sich durch die langen, überall gleich

haarte Oberfläche aus. Hinterschienen gegen das Ende dunkler, Tarsen gelblich mit braunem Endglied.

Beide Geschlechter gleichen sich; frisch entwickelte Exemplare sind ganz blassroth.

Tab. CXX. Fig. 382.

Capsus pauperatus *mihi*.

C. flavescens scutelli corde pedibusque flavis, hemelytris et appendice intus purpureis, femoribus apice fusco annulatis.

Kleiner als C. pratensis und campestris. Fühler und Vordertheil des Kopfes, ein Ring vor dem Ende der Schenkel (an den hintersten zwei und ein schwächerer), Wurzel und Spitze der Schienen, Spitzen der Tarsenglieder braun; die Schwielen des Thorax und die Umgebung des lebhaft gelben Herzens des Schildchens schwarz. Decken blasspurpurroth, mit schmalgelbem Aussenrand, Anhang innen dunkler purpurroth.

Von Herrn Frivaldszky aus Ungarn.

Tab. CXX. Fig. 383.

Capsus suturalis *mihi.*

C. niger, opacus, antennis pedibusque luteis, elytris albidis, intus et appendice fuscis.

Eine der kleinsten und schlanksten Arten dieser Gattung, mit vorne stark, verengertem Thorax. Mattschwarz,
Fühler und Beine orange, die Hinterschenkel in der Mitte,
das erste Fühlerglied an der Wurzel braun. Decken gelb-
lichweiss, an der Nath breit braun, welche Farbe nach dem
Laufe der Nerven zwei Zacken nach aussen bildet; Anhang
noch dunkler; Membran schwärzlich.

Ich sah nur ein männliches Exemplar, welches mir
Herr Frivaldszky aus Pesth zur Benutzung mittheilte.

Tab. CXXI. Fig. 384.

Capsus distinguendus *mihi.*

C. niger, antennarum basi pedibusque ferrugineis, elytrorum et appendicis basi sulphureis, illorum margine omni nigro.

Um ⅓ grösser als flavomaculatus, die Spitze des Kopfes mehr nach vor- als abwärts gerichtet; die Fühler verhältnissmässig länger, das erste Glied rothbraun; die beiden glatten Höcker des Thorax in einander verflossen, Decken tief schwarz, der gelbe Fleck reicht weiter zur Wurzel, der Aussenrand der Decke aber bleibt schwarz und wird gegen das Ende des Fleckes breiter; dieser ist nach hinten scharf abgeschnitten; der Anhang ist gelb mit breiter schwarzer Spitze und ohne Ausdehnung der gelben Farbe gegen die Kreuzung hin. Beine rothbraun, Spitze der Schienen breit und die Tarsen schwarz; die Membran an der Spitze des Anhanges nicht weiss.

Die Habn'sche Figur 235 ist nicht genau, sie hält die Mitte zwischen dem gewöhnlichen C. flavomaculatus und gegenwärtiger Art hinsichtlich der Grösse, gehört nach der Gestalt des Kopfes und der Färbung der Fühler und Beine, dann nach dem gelben Aussenrand der Decken und dem gelben Fleck der Membran zu flavomac. nach dem dunklen Gelb der Decken und dem fehlenden Gelb einwärts an der Wurzel des Anhangs zu dieser Art. Die Abbildung bei Panzer H. 92. 16 ist besser und lässt keinem Zweifel Raum.

Tab. CXXI. Fig. 385.

Capsus rutilus *Friv.*

C. niger, elytris coccineis: punctis 2 ante appendicem hujusque apice nigris; tibiarum annulis duobus maculaque pectoris alba.

Auf den ersten Blick dem C. neglectus ähnlich, aber durch breitere Gestalt, starken Glanz, starke Punctirung, tieferes Schwarz der Flecke der Decken und die zwei weissen Ringe jeder Schiene leicht zu unterscheiden. Dagegen hat er in Gestalt, Glanz, Punctirung mehr Aehnlichkeit mit C. tricolor, doch ist die ganze Gestalt gedrungener, Fühler und Kopf kürzer, Thorax kürzer, gewölbter, vorn schneller zugerundet, das Schildchen convexer und stumpfer.

Ein Mann von Herrn Frivaldszky aus Rumelien; durch Herrn Professor Kunze mitgetheilt.

Tab. CXXI. Fig. 386.

Capsus miniatus *mihi.*

C. niger, capite ferrugineo, scutello, elytrorum et appendicis basi miniaceis; tibiis, albo - biannulatis.

In Grösse, Gestalt und Bau dem C. cordiger Hahn Fig. 171. sehr nah, nur sind die Augen kleiner, und Farbe und Zeichnung verschieden; auch führen die Schienen hier nur zwei weisse Ringe, während sie dort weiss sind, nur an der Wurzel und in der Mitte braun. Von C. rutilus ist diese Art durch etwas geringere Grösse, kürzeren Bau, braungelben Kopf, schärferen Einschnitt zwischen

Decke und Anhang und die Zeichnung und Farbe verschieden.

Von Herrn Professor K u n z e bei Nizza entdeckt.

Tab. CXXI. Fig. 387.

Capsus corizoides *mihi.*

C. ferrugineus, elytris basi et ante appendicem
albis, appendice, scutellique angulis anticis fuscis.

Dieses niedliche Thier, welches sich den Arten der
Gattung Corizus nähert wurde von Herrn Cantor M ä r k e l
in der sächsischen Schweiz entdeckt und mir durch Herrn
Professor K u n z e mitgetheilt. Gelbroth, Fühlerglied 2 an
der Spitze, 3 und 4 an der Wurzel, Wurzel und ein
Querband der weisslichen Decken bräunlich; ein Dreieck
an jeder Seite des Schildchens und der Anhang dunkelbraun; Membran blassbraun. Fühlerglied 3 und 4 kaum
dünner als 2.

Tab. CXXII — CXXX.

Tingidites *Spinola.*

Nachdem die Fabricische Gattung *Tingis* von W e s t -
w o o d, C u r t i s, L a p o r t e, St. F a r g e a u e t S e r v i l l e,
B u r m e i s t e r, Spinola behandelt, mitunter auch misshan-
delt worden, veranlasste mich insbesondere S p i n o l a's neue-
ste Arbeit: Essais sur les Genres d'Insectes appart. a l'ordre
des Hèmiptères L. Gènes 1837, die Merkmale, nach welchen diese Herren ihre Gattungen trennten, genauer zu prüfen.

Mit S p i n o l a's Arbeit, als der neuesten und auch

fleissigsten will ich den Anfang machen, und sie zur Grund-
lage der Prüfung nehmen.

Die Eintheilung Spinola's ist, nachdem er *T. capi-
tata* von der Familie ausgeschlossen, folgende:

A. Rücken des Thorax blasig

B. Fühler haarig

C. Fühler länger als der Körper, drittes Glied sehr
dünn   Genus: Galeatus

CC. Fühler nicht länger, bisweilen kürzer als der
Körper

D. Fühler dick haarig, dick, Glied 3 dicker
und länger als 4, diess spitz

         Genus: Dictyonota

DD. Fühler fein haarig, Glied 3 sehr dünn,
und länger als die übrigen, 4 knopfartig

         Genus: Derephysia

BB. Fühler glatt   Genus: Tingis

AA. Rücken des Thorax nicht blasig

B. Mittelstück des Kopfes von oben nicht zwischen den
Fühlerhöckern sichtbar

C. Rüssel die Wurzel des dritten Beinpaares überragend; Metasternum seiner ganzen Länge nach
zur Aufnahme des Rüssels ausgehöhlt

D. drittes Fühlerglied am Ende nicht verdickt,
viel dünner als das vierte: Genus: Monanthia

DD. drittes Fühlerglied am Ende aufgetrieben
und hier so dick als das vierte

         Genus: Eurycera

CC. Rüssel die Wurzel der Mittelbeine nicht überragend; Metasternum nicht ausgehöhlt

         Genus: Catoplatus

BB. Mittelstück des Kopfes von oben gesehen zwischen
den Fühlerhöckern vorragend: Genus: Serenthia.

ad A. Hier sind zweierlei ganz verschiedene Bildungen zu betrachten, welche Spinola unter dem Ausdruck « *dos du prothorax ampullacé* » vermengt zu haben scheint. Es findet sich nämlich eine Blase (meist nach vorn und unten offen) in der Mitte des Vorderrands des Prothorax, welche aus der Vereinigung des Mittellängskieles und des bei den meisten Wanzenarten wulstigen Vorderrandes entsteht (t. 130. D — G. a.). Dieser Theil aber verliert so allmählig seine blasige Beschaffenheit, verwandelt sich zuerst in eine eckige Platte t. 125. B. D. a., dann in den schmal wulstigen Vorderrand t. 125. C. a. (Serenthia) dass er durchaus nicht als Trennungsmerkmal benützt werden kann. Spinola scheint diesen Theil gemeint zu haben, weil nur dieser bei seinen Gattungen Dictyonota, Derephysia und Tingis vorkommt. — Bei seiner Gattung Galeatus findet sich ausser diesem Theile aber auch noch jederseits der Mittelkante des Thorax eine nach innen offene Kugel oder Muschel, die bei genauer Betrachtung nichts ist, als der vergrösserte, nach innen umgeschlagene Seitenkiel t. 130. E. F. G. Dieses Merkmal scheint auf den ersten Blick sehr auffallend, allein diese Muscheln werden bei einer Art (Fig. 394.) schon sehr klein, und fehlen bei T. pyri *F.* (nicht Fig. 291. sondern 395. dieser Hefte) ganz; eben so bei foliacea und cristata.

Spinola's Trennung nach A. und A A. ist hiemit also als unhaltbar dargestellt.

ad B. Die Bekleidung der Fühler sah ich schon in meinem Nomenclator entomologicus 1835 als ein Merkmal an, welches zwar nicht an und für sich zu Trennungen rechtfertigt, aber zur augenblicklichen Unterscheidung von Gruppen benützt werden kann, welche jede für sich auch in anderen Theilen Analogien darbieten, die auf keine

andere Weise mit so wenigen Worten sich bezeichnen
lassen.

ad C. «Fühler länger als der Körper.» Unter Körper scheint hier Spinola die Länge von der Kopfspitze
bis zum After gemeint zu haben, die Decken nicht mitge-
rechnet; aber auch so genommen ist diess noch ein höchst
unsicheres Merkmal, abgesehen davon, dass eine etwas
grössere oder geringere Länge der Fühler etwas höchst
unwesentliches ist. Wenn man von den Fühlern Merkmale
hernehmen will, so zeichnen sie sich mehr durch ihre Dünne, besonders des dritten Gliedes und die sparsamen langen Haare aus, die bisweilen nur am Endglied recht deutlich sind (T. pyri). Die Gattungsrechte dieser Gruppe
ziehe ich übrigens nicht in Zweifel.

ad CC. Fühler nicht länger oder kürzer als der
Körper (siehe das eben Gesagte).

ad D. Fühler sehr stark behaart, dick, das dritte
Glied cylindrisch, dicker als das vierte, das vierte spitz
endend.

T. crassicornis repräsentirt allerdings eine eigene Gattung, zu welcher noch die nach verwandten pilicornis und
erythrophthalma *Grm.* gehören. Wie aber Spinola diese
Gattung definirt, passt auch meine T. crispata hieher, die
sich doch durch feinere Haare der Fühler, verschiedene
Bewaffnung des Kopfes, die filzige Behaarung des ganzen
Körpers, die an seinen Rändern gekrümmten Haare, den
kurzen Schnabel und die ovale Fläche des Metasternum hinreichend unterscheidet. Zu Spinola's Definition muss
also noch gesetzt werden: Fühler mit warzenartigen Hök-
kereben, auf deren Spitze gewöhnlich Haare stehen; t. 129.
Kopf mit 2 Dornen auf der Stirne und einem vor jedem
Auge, Rüssel wenigstens die Mittelbeine überragend, seine

Rinne auf dem Metasternum nicht plötzlich erweitert, Körper unbehaart, Netz gleichmässig dunkel.

ad D D. Da ich bei A die Unsicherheit der Unterscheidung von Gattungen nach der Fühlerlänge dargethan und auch die Unbestimmtheit des Ausdrucks «blasiger Thorax» erwähnt habe, so fiele Spinola's Gattung Derephysia, nach den vor ihm gegebenen Merkmalen weg. Diese Gattung Spinola's ist überhaupt sehr unbestimmt, denn die beiden von ihm angeführten Arten (vorausgesetzt dass er der wirkliche T. foliacea *Fall.* vor sich hatte) passen durchaus nicht zusammen und die Merkmale, welche er seiner reticulata beilegt, passen wieder nicht zu meiner Art und Waltl's ciliata, welche Synonym sind. — T. foliacea scheint mir mit dem Genus Galeatus verbunden werden zu müssen; während meine T. reticulata, angusticollis, capucina und crispata eine eig^n_e Gattung bilden, welcher der Name Derephysia bleiben kann.

ad B B. Bei erwiesener Unausführbarkeit einer Trennung nach der blasigen oder nicht blasigen Beschaffenheit des Thorax fällt nun diese Gattung mit Monanthia und Catoplatus *Spinola* zusammen und es bleibt am besten der alte Name Monanthia, indem von Burmeister statt Galeatus die ursprüngliche Benennung Tingis beibehalten worden ist.

ad A A. Bereits erledigt.

ad B. Ganz schwankend; der mittlere Theil des Kopfes ragt bei mancher andern Art eben so weit nach vorne als bei Spinola's Serenthien; z. B. bei cardui, quadrimaculata, wo das Mittelstück zweidornig ist; bei melanocephala, wo statt der Dornen nur zwei kleine Höckerchen stehen. Bei Serenthia findet sich an dieser Stelle ein einfacher Wulst, der vertikal herabläuft und allerdings et-

was weiter vorwärts ragt, als bei den übrigen Arten, bei
denen, wenn man den Mittelhöcker weg denkt, der Raum
zwischen den Fühlern weiter rückwärts tritt, als die Füh-
lerhöcker.

ad C. Wenn Spinola die wahre T. cardui vor
sich hatte, so hat er falsch gesehen, denn bei Cardui reicht
der Schnabel wie bei Costata nur bis ans Ende des Mesosternum, und lässt die ovale, erhaben gerandete Mittelfläche des Metasternum frei.

Nicht viel weiter reicht der Schnabel bei Eurycera.
Demnach geht die Gattung Catoplatus ein, wenn man
nicht andere, aber zu unwichtige Merkmale zu Trennungen benützen will; ich habe sie nur zu Unterabtheilungen
verwendet.

ad D. Drittes Fühlerglied am Ende nicht verdickt,
viel dünner als das virte. Zur Unterscheidung von Eurycera hinreichend, obgleich Glied 3 nur wenig dünner
ist als 4.

ad DD. Obgleich die Ausdrücke Spinola's nicht
sehr treffend sind, so lässt doch das Citat Laporte's keinen Zweifel, und es ist mir auffallend dass Hr. Burmeister nicht erkannte, dass Laporte hier die von Panzer
längst abgebildete T. clavicornis Heft 23 tab. 23 meint.

ad CC. siehe das ad C. gesagte. Spinola giebt die
Form des Metasternum als viereckig an, sie ist aber oval,
Fig. 390. F., fast kreisrund. Bei der einzigen von ihm
angeführten Art ist die Rinne am Ende des Mesosternum
so verengt, dass sich ihre Wände berühren, wo der Schnabel also gar nicht weiter reichen kann. Diese Engigkeit
vermindert sich jedoch bei den nächst verwandten Arten
stufenweise und kann kein Trennungsmerkmal abgeben. cf. t.
123. F. et A.

ad BB. siehe das bei B. gesagte. Der Schnabel überragt wirklich kaum die Wurzel der Vorderbeine t. 122.
A — C. Spinola giebt den Decken gar keine Hauptader,
während doch parallel mit dem Aussenrande ein scharfer
Kiel läuft. Bei ganz entwickelten Exemplaren Fig. 388.
ist auch eine deutliche Membran vorhanden. Mesosternum
und Metasternum, dem Spinola jede Spur einer Rinne
abspricht, zeigt diese der Abbildung gemäss deutlich. t·
122. A. C.

Was Laporte's Eintheilung betrifft, so setzt er fälschlich seine Gattung Piesma (Serenthia *Spin.*) unter die
Abtheilung mit sichtbarem Schildchen, indem er sich durch
die verschiedene Färbung des hinteren Fortsätzes des Prothorax verleiten liess, diesen für das Schildchen anzusehen
Fig. 388.

Seine Eintheilung nach homogenen und heterogenen
Decken ist unhaltbar, indem bei allen die Decken von gleicher Substanz sind, wohl aber der schräge Nerv, welcher
die Grenze beider Substanzen andeutet, bald fehlt, bald
vorhanden ist. Das erstere findet statt bei seiner Gattung
Tingis, als deren Typus er T. pyri aufstellt, wozu aber
auch die Gattung Galeatus *Spin.* gezogen werden muss,
sammt T. foliacea und cristata.

Das letztere findet bei seinen Gattungen Eurycera und
Dictyonota statt. Eurycera rechtfertigt durch den ei-
genthümlichen Bau der Fühler eine generische Trennung,
eben so Dictyonota, in so ferne T. crassicornis als
Typus aufgestellt wird.

Eine Menge anderer Arten hat Laporte gar nicht
berücksichtigt, sie reihen sich nach dem Eintheilungsschema

unter seine Gattung Dictyonota, nicht aber nach den speciell angegebenen Gattungsmerkmalen, und es kann für sie der Name Monanthia beibehalten werden.

An Burmeisters Schema lässt sich folgendes aussetzen:

1. Der Ausdruck (B) «Fühler knopfförmig mit verdicktem Endgliede» reicht durchaus nicht hin, um die Tingiditen von den Araden nnd Acanthien zu trennen, denn das Endglied ist bei gar vielen Arten nicht dicker als die anderen, besonders bei den Dictyonoten. Burmeister selbst giebt diess zwei Zeilen tiefer zu, indem er unter α sagt: Fühler cylindrisch, alle Glieder gleich dick.

2. Durch diese letztere Bezeichnung werden aber wieder sehr unähnliche Arten verbunden und ähnliche getrennt. Wenn man auch T. laeta nicht generisch von T. melanocephala trennen will, so steht letztere der costata und diese wieder allen übrigen Monanthien so nahe, dass sie nicht getrennt werden können, und bei den meisten derselben ist das letzte Fühlerglied deutlich dicker als das dritte.

3. Der Ausdruck: Fühler erweitert, breitgedrückt, ist für Eurycera durchaus nicht bezeichnend.

4. Eben so wenig der: «Fühler keulenförmig» für das wenig dickere, kleine, auf dem langen, dünnen vorletzten Glied sitzende Endglied.

5. Auch für Tingis und Monanthia hätten bezeichnendere Trennungsmerkmale gefunden werden können.

Gegen die Gattungsbeschreibungen selbst lässt sich weniger einwenden, obgleich alle drei von ihm angenommenen und gekannten Gattungen aus sich fremdartigen Thieren zusammengesetzt sind. Sein Piesma marginatum, meine Dictynota crassicornis, kann nimmermehr mit P. laetum verbunden bleiben; und sein P. melanocephalum, zwar der nächste Verwandte vom Genus Serenthia, steht besser unter Monanthia. Eben so wenig lässt sich T. echii (meine globosa) von den Monanthien mit wulstigen Seiten des Thorax trennen, obgleich wieder nicht zu läugnen ist, dass sie ein gutes Verbindungsglied mit T. pyri abgiebt. Unter Monanthia ist clavicornis beschrieben, welche ich für identisch mit Eurycen halte und deren Trennung von Monanthia ich für begründet ansehe.

Nach dem bisher Gesagten will ich nun die Rücksichten, welche mich bei Aufstellung der Gattungen leiteten, auseinandersetzen.

Auf den ersten Blick möchte es scheinen, als ob die Bildung der Decken, nämlich ob sie sich hinten kreuzen (Fig. 388 — 393), oder durch eine gerade laufende Naht getrennt sind (372 — 375), ein sehr sicheres und gutes Trennungsmittel hergebe. Ich fand aber, dass in der Gattung Zosmenus diese Deckenbildung bei ein und derselben, oder doch wenigstens, ganz nah verwandten Arten vorkommt und schliesse daraus, dass, entweder (was nicht wohl anzunehmen ist), alle Tingiditen mit gerader Naht der Decken nur unvollkommen entwickelte Exemplare seyen, die sich bisweilen, vielleicht höchst selten, ganz entwickeln (wie diess z. B. in der Gattung Delphax für mich ganz unbezweifelt statt findet, oder dass wenigstens diese Deckenbildung nicht als Gattungsmerkmal aufgenommen werden kann, und Arten die im übrigen Bau genau mit den

erwähnten übereinstimmen und sich nur durch gekreuzte
Decken unterscheiden, nicht generisch getrennt werden
können, im Gegentheil die genaueste Vergleichung erfor-
dern, ob sie nicht in allen übrigen Theilen so genau mit
den geradnahtigen übereinstimmen, um vielleicht mit ihnen
in eine Art zusammengezogen werden zu müssen. Es
findet dieser Fall bei T. nigrina Fall., von welcher ich
in meiner Fauna H. 118. Taf. 16 eine kenntliche Abbildung gegeben habe, statt, und sie steht der M. obscura
und pusilla so nah, dass eine Vereinigung mit einer von
beiden sehr wohl vertheidigt werden könnte.

Nachdem nun das eben abgehandelte Verhältniss der
Decken als untauglich zu einer generischen Trennung be-
funden worden, fällt die Bekleidung der Fühler am ersten
in die Augen und es lassen sich nach ihr recht natürliche
Gruppen bilden, wie ich schon vor drei Jahren in meinem
Nomenclator entomol. gethan habe.

Jene Arten mit nackten Fühlern bieten auf den
ersten Anblick sehr auffallende Verschiedenheiten im Habi-
tus und im Bau einzelner Theile dar; auffallend war mir
vor Allem die eigene Stellung der Beine jener Arten mit
ungekreuzten Decken; hier stehen nämlich die drei Paare
in gleicher Entfernung von einander (t. 129. C.), während bei den Arten mit gekreuzten Decken die Vorderbeine
fast noch einmal so weit von den mittleren entfernt sind,
als diese von den hintersten. (t 122. A. C. — 123. A.
F. — 124. B. C. — 128. D. E.) Desgleichen ragt bei
ersteren Arten der Schnabel deutlich über seine Rinne,
also über das Metasternum hinaus, während er bei letzteren selten die Mitte desselben überragt. Da ich jedoch
schon oben meine Zweifel über die generische Verschie-
denheit der Arten mit gerader Naht geäussert habe, so

vermögen auch diese, allerdings wichtigen, Merkmale nicht mich zu generischer Trennung zu bestimmen.

Einen ziemlich haltbaren Trennungsgrund scheint mir die Bildung der Seiten des Thorax zu geben, welche bei den einen Arten in einer einfachen, fadenförmigen Kante, bei den anderen in einem blattähnlichen, schneidenden Fortsatz besteht, der bald frei horizontal hinaus steht, bald nach oben geschlagen der Rückenfläche des Thorax fest aufliegt.

Die erste Gruppe (Serenthia Spin.) zeichnet sich ausserdem durch den kurzen, nicht einmal zur Mitte des Metasternum reichenden Schnabel und den bei unentwickelten Exemplaren ganz fehlenden, bei entwickelten nur durch verschiedenes Netz angedeuteten schrägen Kiel aus, der bei den übrigen Arten die Grenze beider Substanzen der Decken bezeichnet; dann durch den einzigen Kiel des Thorax t. 125. c. e. und seinen schmalen Vorderrand.

Die zweite Gruppe (Monanthia St. Fargeau) hat längeren Schnabel, deutlichen Kiel als Grenze beider Substanzen der Decken, und die drei Kiele des Thorax sind (wenn auch bisweilen die seitlichen verdeckt) vorhanden.

Bei den Arten mit haarigen Fühlern lassen sich schon nach den Fühlern vier Gruppen scharf scheiden. Bei feiner Behaarung fällt zuerst die unförmliche Grösse des dritten und vierten Gliedes der Gattung Eurycera; dann die dünnen langen Fühler von Tingis, und die merklich dickeren, kürzeren von Derephysia auf. Letztere Gattung ist auf den ersten Blick durch die Behaarung der ganzen Oberfläche und besonders die wimperatige aller freien Ränder ausgezeichnet; erstere durch die starke Halsblase, welche länger als breit ist.

Bei Dictyonota endlich ist die warzige Bekleidung der Fühler ganz auszeichnend.

Nach dem Gesagten ergiebt sich daher folgende

Uebersicht:

I. Fühler nackt.

   1. Ober- und Unterseite des Thorax durch eine linienförmige Kante angedeutet; Schnabel nur bis zu den Vorderbeinen reichend

Serenthia.

   2. Ober- und Unterseite des Thorax durch eine gegitterte Membran getrennt.

Monanthia.

II. Fühler behaart.

   1. Fühler mit feinen langen Härchen.

     A. Rand des Thorax und der Decken unbehaart.

       a. Fühlerglied 3 und 4 äusserst dick, drei keulenförmig; die Decken hornartig.

Eurycera.

       b. Fühlerglied 3 sehr dünn, 4 etwas dicker und viel kürzer; die Decken glashell

Tingis.

     B. Rand des Thorax und der Decken fein behaart.

Derephysia.

   2. Fühler mit conischen, schuppenartig gestellten Wärzchen, auf deren Spitzen die Haare sitzen, Glied 4 nicht dicker als 3.

Dictyonota.

Tab. CXXII. Fig. A — F.

Genus Serenthia Spin.

Piesma *Laporte, Burmeister.* — Tingis *Fall. Germar.*

Ober- und Unterseite des Prothorax nur durch eine fein erhabene Linie angedeutet. t. 122. A. a. t. 125. C. a. Schnabel nur bis zur Wurzel der Vorderbeine reichend. t. 122. A. B. C. Fühler nackt, Glied 1 und 2 fast gleich lang, cylindrisch, 1 dicker, 3 länger als beide zusammen, gegen die Spitze etwas dünner, 4 dicker, eiförmig.

Kopf mit schwachem, vertikalem Wulst zwischen der Fühlerwurzel, ohne Dornen.

Schnabelrinne auf dem Metasternum am breitesten. t. 122. C.

Thorax mit groben Hohlpunkten und Einem einzigen Kiel. t. 125. C. b., sein Vorderrand ein schmaler Querwulst t. 125. C. c.

Decken bei ganz entwickelten Exemplaren sich kreuzend, der die Membran repräsentirende Theil mit gröberem Netz, während das Netz des anderen Theiles so dicht ist, dass die Zwischenräume fast nur als Hohlpunkte erscheinen.

Bei den häufigeren, unentwickelten Exemplaren fehlt dieser Unterschied. t. 122. E.

Geflügelt t. 122.

Ich vermuthe, dass die drei bekannten Arten nur Varietäten Einer sind.

Den Namen Serenthia ziehe ich vor, weil Spinola zuerst die Gattung rein darstellte, während Burmeister unter Piesma fremdartiges vereint, und Laporte falsche Gattungsmerkmale angiebt.

Serenthia atricapilla *Spin.*

S. testacea, capite, maculis duabus anticis thoracis et subtus nigra.

Spinola p. 168.

Mir unbekannt. Aus Sardinien.

Serenthia ruficornis *Germar.*

S. testacea, capite, thorace et subtus nigra, thorace margine antico et apice scutellari pallidis.

Tingis *Germar* fauna fasc. 15. t. 12.

Ausser der Färbung der Fühler finde ich keinen Unterschied von S. laeta. Meine Exemplare haben keine entwickelte Membran, und sind kleiner als die gewöhnlichen Exemplare von T. laeta. — Bei Regensburg einzeln.

Ein Exemplar hat braune Fühler, an denen nur die Endhälfte des dritten Gliedes rothgelb ist; diess erhebt meine Zweifel an den Artrechten fast zur Gewissheit.

Tab. CXXII. Fig. 388.

Serenthia laeta *Fall.*

S. nigra, thoracis apice scutellari et elytris testaceis, pedibus ferrugineis.

Tingis *Fallén*. Monogr. 40. 13. — Hem. n. 15. — *Germ.* faun.
X. 14.
Piesma laetum *Burmstr.* p. 257. —
Piesma tricolor *Laporte.*

Ich finde diese Art auf Wiesen mittelst des Schöpfers
ziemlich oft; Exemplare mit entwickelter Membran sind
seltener.

A. Das Thier von unten, ein Weib.

B. Kopf mit dem Rüssel von unten.

C. Brust mit der Rinne des Rüssels und der Pfanne der
Beine.

D. Das Ende einer Hinterschiene mit dem Tarsenglied.

E. Eine Deccke von gleichförmiger Substanz, wie die
gewöhnlichen Exemplare sie-haben.

F Ein Flügel.

Tab. CXXIII — CXXV. CXXVII.

Monanthia.

Saint-Fargeau et Serville. — *Burmeister.* — *Laporte* —
Spinola.
Tingis *Fabr.* — *Fall.* —
Catoplatus *Spin.*

IV. 3.   4

Ich vereinige hier eine ziemliche Anzahl verschiedener Formen in einer Gattung, weil ich nicht im Stande war, beständige Trennungsgründe aufzufinden. Die Mannigfaltigkeit der Formen gewährt auch nur eine geringe Anzahl positiver Gattungsmerkmale.

Die Fühler sind nackt, jedoch ist das Endglied sehr oft kurz behaart; von denen der T. pyri unterscheiden sie sich jedoch leicht durch ihre Dicke und Kürze.

Der Kopf ist, mit Ausnahme von M. verna und melanocephala, mit Dornen bewaffnet, die Halsblase in der Regel nicht länger als breit, bei M. globosa am meisten der bei Tingis gewöhnlichen Form genähert, bei den meisten Arten eine flache, eckige Platte darstellend; der Thorax mit drei Längskielen, die seitlichen bisweilen theilweise (bei M. globosa ganz) verdeckt; bei M. brunnea ganz fehlend.

Die Seiten des Thorax zeigen sehr verschiedene Formen, nach welchen die Gattung abgetheilt werden kann, alle Formen lassen sich aber auf eine häutige gegitterte Platte zurückführen, welche aus der bei Serenthia einfachen Linie hervortritt, bald horizontal absteht, bald sich auf den Rücken des Thorax fest anlegt.

Der Schnabel erreicht wenigstens die Mittelbeine.

Decken gekreuzt oder mit gerader Naht, immer mit dem die Grenzen der Membran andeutenden Schrägkiele, der nur bei M. globosa und verna undeutlich ist. Die Arten mit gerader Naht haben auch diesen Kiel, er läuft aber hier mit der Naht fast parallel bis zur Flügelspitze und bildet die innere Grenze eines elliptischen Feldes, dessen äussere durch den (vom Aussenrand gerechnet) zweiten Kiel gebildet wird.

Zur leichtern Erkennung der Arten möge folgende

Uebersicht

dienen:

I. Der Seitenfortsatz des Thorax schlägt sich nach oben um und ist mit der Rückenfläche des Thorax verwachsen, so dass also der eigentliche scharfe Seitenrand des Thorax nach oben gerückt ist und die wulstigen Seiten schon der unteren Fläche des Thorax angehören. Bei Fig. 390. und t. 125. B. d. sieht man den Anfang dieser Bildung; bei t. 125. F. d. hat sie ihre grösste Ausdehnung erreicht.

1. Dieser umgeschlagene Rand ist schmal, undeutlich gegittert (bei M. albida bleiben statt der Zwischenräume nur feine Punkte) und es bleiben die drei Kiele des Thorax ihrer ganzen Länge nach sichtbar t. 125. A. B. D. G. J. Die Rinne des Schnabels erweitert sich auf dem Mesosternum bedeutend. t. 123. A. F. 124. B.

A. Fühler dick, das Endglied nicht dicker als das dritte. Schnabel nur bis ans Ende des Mesosternum reichend; dieses eine ovale Fläche mit scharf erhabenen Rändern darstellend. t. 123. F. e.

M. albida, melanocephala, costata.

B. Das Endglied der Fühler dicker als das dritte, behaart; Schnabel bis in die Mitte des Metasternum reichend, dieses das Ende der allmählig erweiterten, geradrandigen Rinne bildend. t. 123. A. c.

M. maculata.

2. Der umgeschlagene Rand bildet einen wulstigen, grob gegitterten Körper, der gewöhnlich so weit nach innen dringt, dass er die seitlichen Kiele der Thorax

nur hinten unbedeckt lässt. t. 114. fig. 359 — 362.
— t. 125. A. F. E. a. Fühlerglied 3 dünn, 4 merklich dicker.

A. Die drei Kiele unbedeckt. t. 125. A.

M. 4 maculata, dumetorum.

B. Die seitlichen Kiele nur an der Hinterhälfte des Thorax sichtbar. t. 114. fig. 359 —362. — t. 125. F.

M. echii, lupuli, convergens, humuli, simplex.

C. Die seitlichen Kiele ganz verdeckt. t. 125. E.

M. rotundata.

II. Der Thorax jederseits mit einer horizontalen oder schwach aufwärts gebogenen gegitterten Platte mit schneidigem Rande. t. 125. D. G —I. t. 127. ganz.

1. Decken gekreuzt.

A. Das Netz ist ganz gleichfarbig mit der Grundfarbe, daher wenig deutlich.

M. testacea.

B. Das Geäder ist stellenweise dunkler, wodurch das ganze Ansehen fleckig wird.

    a. Der durchscheinende Aussenrand des Thorax hat eine einzige Reihe (ziemlich gleicher) Zellen, t. 125. D. d., der der Decken eine fast regelmässig vertheilte Reihe brauner Flekken. M. grisea.

    b. Der Rand des Thorax und der Decken hat eine mehrfache Zellenreihe und unregelmässig vertheilte braune Flecken, welche bald nur einzelne Queradern, bald zugleich mehrere Zellen bedecken.

M. ampliata, cardui, angustata.

    c. Das Geäder ist überall auf glashellem Grunde gleich dunkel. M. nigrina.

2. Decken ungekreuzt, mit gerader Naht.

A. Thorax nur mit einem Kiel.　　　ᴗ M. brunnea.

B. Thorax mit drei Kielen.

a. Der Aussenrand der Decken mit doppelter Zellenreihe.　　　　　　　　　　　　　　M. cervina.

b. Der Aussenrand der Decken mit einfacher Zellenreihe.

　α. Die schildchenähnliche Verlängerung des Tho-
　　rax spitzwinkelig. t. 118. Fig. 372.

　* Eine Eiform, vorn viel schmaler, die läng-
　　lich ovale Zelle der Decken erreicht nur
　　²/₃ ihrer Länge, das dritte Fühlerglied viel
　　dünner als 2 und 4.　　　　M. obscura.

** Länglich oval, die langovale Zelle der Dek-
　　ken reicht bis ³/₄ ihrer Länge und ist in-
　　nen etwas hinter der Mitte eingebogen.

　　　　　　　　　　　　　　　M. fracta.

β. Der Thorax hinten stumpfwinkelig. t. 125.
　Fig. 373. — t. 127. Fig. 398.

　* Kopf mit den gewöhnlichen zwei Hörnchen,
　　oval, die lang ovale Zelle reicht bis ³/₄ und
　　ist nach innen fast gerade begrenzt; das
　　dritte Fühlerglied ist kaum merklich dünner
　　als 2 und 4.

　　　　　　　　　　　　　　M. pusilla.

** Kopf mit kaum eingedrücktem Höcker zwi-
　　schen der Fühlerwurzel.

　　　　　　　　　　　　　　M. verna.

Es folgen nun die Arten der Reihe nach, die meisten
abgebildet und genau beschrieben, zu den übrigen, welche
früher und anderwärts abgebildet sind, Bemerkungen.

Tab. CXXVI. Fig. 396.

Monanthia albida *mihi*.

M. pallide virens, antennis, capite, subtus, pedibusque nigris, tibiarum apice et tarsorum basi lutea.

Hier sind zwei nah verwandte Arten zu unterscheiden. Gegenwärtige ist viel flacher und etwas schmaler, die aufgeschlagenen Seiten des Thorax sind oben breit sichtbar, seine drei Kiele deutlich, Prothorax und Decken grünlichweiss, fein eingestochen, sparsam punktirt; Spitzen der Schienen und Wurzel der Tarsen rostgelb, die Ränder der einzelnen Brustsegmente weisslich, der Kopf hat zwei kleine, blasse Spitzchen über der Fühlerwurzel.

Aus Ungarn, von Herrn Dr. Friwaldszky.

Die andere schon länger bekannte Art ist:

Monanthia melanocephala *Panz.*

M. fusca, collo, thoracis apice scutellari elytrisque sordide albido-virentibus.

Tingis *Panzer* faun. Heft 100. nr. 21. Sehr gut, nur die Färbung zu grell.
'Piesma *Burm.* 258. 2.

Convexer, besonders am Thorax, dessen aufgeschlagene Seiten von oben viel schmaler sichtbar, und dessen seitliche Kiele an der Vorderhälfte sehr undeutlich sind; die eingestochenen Punkte sind viel grösser, statt ihrer findet sich an allen Theilen, die blass gefärbt sind, ein vertieftes feines Netz, dessen Zwischräume schuppenartig erhaben sind. Die Farbe ist schwarz oder dunkelbraun,

Halsblase, die Schildchenspitze des Thorax und die Decken schmuzig grünlich weiss; der Hinterleib, die Schienen, Tarsen und Ränder der Bruststücke braun. Der Kopf hat einen getheilten Höcker zwischen der Fühlerwurzel.

Aus Ungarn und Böhmen (Hr. Fieber).

Eine Varietät aus Ungarn ist tief schwarz, nur die Schildchenspitze des Thorax, die Decken und die Schnabelrinne des Kopfes weisslich, Schienen an der Spitze und Tarsen dunkelbraun.

Tab. CXXIII. Fig. 390.

Monanthia costata *Fabr.*

M. ferruginea, antennarum articulo apicali fusco, fronte spinis duabus albidis convergentibus.

Catoplatus *Spin.* p. 167.

Tingis *Fabr.* Syst. Rh. 125. 2. — *Fall.* Hem. 143. 1.

Monogr. 36. 1. (exclus. cit. *Panz. Linn.* et *Reaumur.*)

Non M. costata huj. op. fig. 362. nec *Burmeisteri.*

Acanthia *Fabr.* Ent. S. 39.

Ich war lange und noch in meinem Nomenclator nicht im Reinen über die wahre T. costata, wozu am meisten die falschen Citate Falléns beigetragen haben, welche zu Eurycera clavicornis gehören. Eben so unrichtig war es aber auch, dass ich pag. 16. dieses Bandes Panzers T. melanocephala, welche ich damals nicht kannte, für einerlei mit der von Germar richtig als T. costata abgebildeten Art erklärte, und dass ich Burmeisters Irrthum dadurch beibehielt, dass ich Falléns T. humuli nach ihm M. costata nannte.

Die hier gegebene Abbildung stellt ein Männchen dar, beim Weib treten die Decken in der Mitte noch bauchiger vor, und bilden fast, wie Fallén sich ausdrückt, eine stumpfe Ecke.

Bei Regensburg eine der gemeineren Arten.

Spinola bezeichnet die Länge des Schnabels und die Bildung seiner Rinne sehr gut (t. 123. F. G.); nur können diese allerdings abweichenden Bildungen nicht hinreichen, um darnach diese Art zu einer eigenen Gattung zu erheben.

D. zeigt den Kopf von oben, E. von der Seite, a die Dornen der Stirne, b die wulstigen inneren Augenränder, die sich bei andern Arten zu Dornen ausbilden:

F. die Schnabelrinne. G. Kopf von unten mit dem Schnabel.

Tab. CXXIII. Fig. 389. et A—C.

Monanthia maculata *mihi.*

M. grisea, capite fusco, obtuse quinquespinoso, pedibus et antennis ferrugineis, harum articulo apicali fusco, piloso, elytrorum margine nigro-punctato; carinis omnibus valde elevatis.

T. parvula *Fall.* Mon. 37. 5. — Hemipt. 145. 6.

Die kurze Bezeichnung in ersterem Werk würde passen, in letzterem sagt er aber: elytra aequalia, nullis scilicet nervis longitudinalibus, carinaeformibus (ut in T. pusilla), instructa, was ganz widerspricht.

Fast nur halb so gross als M. costata, schmaler, mit viel stärkeren Kielen des Thorax und der Decken. Der

Kopf hat zwei Höckerchen zwischen den Fühlern, eines darüber, und eines innen an jedem Auge. Die Kiele des Thorax haben einige braune Stellen und die Quernerven der einfachen Reihe Randzellen der Decken sind braun.

Bei Regensburg seltener, als M. costata.

A. Kopf mit Schnabel und Rinne. B. Kopf von der Seite. C. ein Flügel.

Tab. CXXIV. Fig. 391. et A. B. D. E.

Monanthia dumetorum *mihi.*

M. testacea, thoracis disco, elytrorumque simul maculis tribus, antennis pedibusque ferrugineis.

Fig. B. die Schnabelrinne. A. der Kopf von unten. D. das helle Stück des Aussenrands der Decke, mit anderem Netz als bei Fig. 391. — E. der Bauch des Männchens.

Hier kommen zwei nahe verwandte Arten, deren kleinere wohl nur deshalb übersehen wurde. Sie ist um ⅓ kleiner als die folgende, und bunter gefärbt, indem Halsblase, umgeschlagener Rand des Thorax, seine Spitze breit und die Kiele blassgelb sind, jeder der letzteren mit zwei braunen Stellen. Die Decken erscheinen ebenfalls blassgelb, zusammen mit drei grossen zimmtbraunen Flecken, deren zwei die Mitte jeder Decke, der dritte die Membran einnimmt.

A. Kopf mit Schnabel von unten, B. die Schnabelrinne, D. die helle Stelle des Deckenrandes mit anderem Geäder.

Ich klopfe diese Art jährlich sehr oft von Gebüschen, besonders von Weiden.

Monanthia quadrimaculata.

M. cinnemomea, costa elytrorum basi et pone medium alba.

Tingis *Fall.* Hemipt. 144. 4.
Acanthia *Wolff.* Icon. f. 127.
Tingis corticea *Panz.* faun. 118. 22.

Immer ganz zimmtbraun, ohne hellere oder dunklere
Beimischung und nur der Aussenrand der Decken ist an
der Wurzel und auf eine längere Strecke hinter der Mitte
glashell, so dass hier die Nerven und Zellen sehr deutlich
erscheinen.

Ich fand diese Art noch nie selbst, sondern erhielt
sie von Berlin und Leipzig.

Hier muss ich nochmals der vier auf Taf. CXIV. ge-
lieferten Arten erwähnen.

M. echii (Wolff.) T. 114. Fig. 360.

hat den schmalsten umgeschlagenen Rand des Thorax; sie
zeichnet sich aus durch ihre weissliche (bei den folgenden
mehr gelbliche) Grundfarbe, die tiefschwarze Farbe des
Rückens des Thorax, dessen seitliche Kiele weit vom umgeschlagenen Rand entfernt bleiben. Tab. 124. C. zeigt
die Schnabelrinne.

M. lupuli Kunze Fig. 359.

hat die schmalste Rückenfläche des Thorax, welche nur
nach vorn schwarzbraun ist, schwarze Fühlerglieder 1 und
2, und braune Schenkel; sie ist gewöhnlich die kleinste.

M. convergens Fig. 361.

hat kein Schwarz am Thorax und an der Fühlerwurzel, und
gerade laufende Seitenkiele.

M. humuli Fall. costate Burm. und Fig. 362.

ist an den Decken am breitesten, hat schwarze Vorderhälfte

des Thorax und hinten divergirende Seitenkiele. Der Name M. costa muss in M. humuli geändert werden.

Die nächste Verwandte dieser Arten ist:

Monanthia simplex mihi.

Panzers Fauna fasc. 118. fig. 21.

von welcher ich T. 125. Fg. F. den Thorax mit seinen fast bis zum Mittelkiel reichenden Umschlägen abbilde.

Tab. CXXIV. Fig. 392. u. F. G. und T. CXX. E.

Monanthia rotundata *mihi.*

M. thoracis lateribus reniformiter inflatis, carinis lateralibus obtectis, elytris tuberculis duobus globosis.

Kleiner und kürzer als die verwandten T. convergens echii und humuli, ersterer am nächsten. Hals mit unförmlicher weisser Blase; jede Seite des in der Mitte schwarzglänzenden Thorax zu einer hohen nierenförmigen Blase aufgetrieben, welche die äusseren Kiele verdecken; das Schildchen ist wieder blasenartig erhoben; die Decken haben zwei grosse kuglige dunkelbraune Erhabenheiten. Beine und Fühler rostgelb, Schenkel gegen die Wurzel braun.

Aus Wien und Prag.

Ich glaube, dass dieses die T. echii Burmeisters ist, bin aber nach strenger Prüfung aller einzelnen Merkmale vollkommen überzeugt, dass sie in dieselbe Gattung mit meiner und Wolfs T. echii, also zu Monanthia gehöre. Der Uebergang des umgeschlagenen, angeschwollenen Seitenrandes des Thorax zu der hier scheinbar blasigen Form ist zu deutlich, dagegen hat gegenwärtige Bildung nicht die entfernteste Aehnlichkeit mit jenen muschelförmigen, innen offenen Blasen von T. spinifrons etc., welche aus den Seitenkielen entstehen, während die Blase von M. globosa der angeschwollene Seitenrand ist. Bildung des Kopfes, der Fühler, des Schnabels, seiner Rinne, der Zellen der Decken u. s. f. lässt ebenfalls die genaueste Uebereinstimmung mit den verwandten Monanthien und grosse Verschiedenheiten von Tingis spinifrons, pyri etc. wahrnehmen. —

G. zeigt das Thier von der Seite.

a. die Halsblase.

E. den Bauch des Weibes.

Tab. CXXV. H. I.

Monanthia testacea *mihi*.

Panzer faun. fasc. 118. fig. 23.

Von Herrn Fieber in Prag erhielt ich diese Art später als M. Echinopsis; derselbe findet sie bei Prag nicht selten.

Die Seitenansicht (H) zeigt die für diese Gattung weit vorragende Halsblase. c, e ist der Mittelkiel, d der freie Seitenrand des Thorax.

Tab. CXX. D.

Monanthia grisea *Germar*.

Germar faun. fasc. 15. fig. 13.

Stets kleiner als M. cardui, weniger dunkel fleckig; ausser den ziemlich regelmässig vertheilten Randpunkten bemerkt man nur auf jedem Kiel des Thorax zwei dunkle Stellen, auf denen der Decken einige ziemlich regelmässig

vertheilte Punkte, die deutlichsten an ihrer hintern Vereinigung.

Von Herrn Fieber in Prag; bei Regensburg fand ich
sie noch nicht.

Tab. CXXVII. A. B.
Monanthia cardui *Linné*.

Bei Panzer Fasc. 3. Fig. 24 und Wolff Fig. 42.
kenntlich abgebildet. Fig. A zeigt die gewöhnliche, Fig. B
eine seltenere Form des Thorax, die aber durch die übrige
Körperbildung zu wenig unterstützt wird, um dadurh eine
eigene Art zu gründen.

Dagegen kommen noch zwei von der gewöhnlichen
M. cardui stark abweichende Formen vor, deren erstere
ich mit grossem Zweifel, deren zweite aber mit ziemlicher
Gewissheit als eigene Art aufstelle.

Tab. CXXVII. Fig. 397. b.
Monanthia angustata *mihi*.

Die schmalsten Exemplare zeichnen sich ausser dem
schmaleren, schmaler gerandeten Thorax, in dessen Rande
ich nur zwei (ziemlich regelmässige) Zellenreihen unterscheiden kann, auch durch dunklere Farbe (mehr braun),
ein bräunliches, stellenweise schwarzes, Netz aus. Das
Schwarze ist aber auf dem Thorax fast gar nicht, an den
Decken nur als einzelne Queradern im Aussenrand, und nicht-
als ganze Häufchen von Zellen zu sehen. Auch am Aus
senrand der Decken sehe ich nur zwei, stellenweise drei
Zellenreihen. Da ich aber fast unbezweifelte Uebergänge
aller dieser Merkmale zu der wahren T. cardui vor mir

habe, und diese schmalen Exemplare lauter Männer sind,
so stelle ich sie nur ungern als eigene Art auf, muss aber
doch bemerken, dass von der wahren M. cardui beide Geschlechter vorkommen, diese M. angustata also nicht als
Geschlechtsunterschied zu betrachten ist. Bei Regensburg.

Tab. CXXVII. Fig. 397. a.

Monanthia ampliata *mihi.*

Sie ist grösser und viel breiter als M. cardui, besonders am Thorax, dessen Vorderecken sehr stark vortreten;
das Netz, besonders wo es schwarz ist, ist viel feiner, daher das ganze Thier weniger gefleckt erscheint.

Ich erhielt sie von Hrn. Fieber unter obigem Namen
aus Böhmen, fand sie dann auch in Gysselen's Sammlung aus Oesterreich; bei Regensburg kam sie mir noch
nicht vor.

Tab. CXXV. G.

Monanthia nigrina *Fallén.*

Tingis. *Fallén* Monogr. nr. 9. — Hemipt. nr. 5. — *Panz.*
faun. 118. 16.

Mit dieser Art beginnt nun eine andere Bildung der
Kopfdornen, analog derjenigen, die wir bei der Gattung
Dictyonota finden werden; die des mittleren Paares stehen
mehr auf- als vorwärts, und divergiren, während sie bisher sich an der Spitze fast berührten; und die bisher am
Innenrand der Augen sitzenden, stehen nun vor den Augen, so dass sie von oben sehr wohl sichtbar sind, während man sie bisher nur von der Seite des Thieres aus
sehen konnte.

Hier ist es nun, wo jene Arten mit geradnathigen

Decken erwähnt werden müssen. Sie stimmen im übrigen
Bau so genau mit T. nigrina. überein; dass ich immer noch
nicht den Gedanken aufgeben kann, sie als nicht vollständig entwickelte Exemplare anzusehen, die aber fortpflan-
zungsfähig sind und vielleicht nur theilweise unter besonders günstigen Verhältnissen sich vollkommen entwickeln.
Diess muss jedoch sehr selten der Fall seyn, weil bei vier bis
fünf, gewiss verschiedenen geradnahtigen Arten mir immer
nur die Eine, T. nigrina, mit entwickelter Membran vor-
kam, und auch diese sehr selten ist.

Auf Tab. 118. sind bereits vier dieser Arten geliefert,
M. brunnea (cassidea Fall.?) und *cervina* sind leicht zu
unterscheiden; auch noch *obscura* durch den eigenen, vorn
schmalen, hinten breiten Umriss, das dünne dritte, und
stark behaarte vierte Fühlerglied, dunkle Farbe, längliche
Halsblase, spitzwinklichen Hintertheil des Thorax, nur $\frac{2}{3}$
der Deckenlänge erreichende Zelle derselben, mit convexem
Innenrand. Fig. G. der Tafel 129 zeigt Kopf und Fühlhorn von M. cervina.

    Monanthia fracta mihi
unterscheidet sich von ihr durch längere, schmälere Gestalt
und durch eine bis $\frac{3}{4}$ der Deckenlänge reichende Mittelzelle, deren innerer Rand gerad, nur hinter der Mitte
schwach abgesetzt ist. Bei einer dritten Art:

    Monanthia acuminata mihi
ist der Umriss hinten und vorne zugespitzt, und der innere
Rand der eben so langen Mittelzelle der Decken ganz gerade.

Da ich beide Arten nur in einzelnen Exemplaren von
Herrn Fieber erhielt, so kann ich nicht entscheiden, ob
diese Abweichungen standhaft sind und die Errichtung ei-
gener Arten rechtfertigen; verspare deshalb auch noch ihre
Abbildung.

Tab. CXXIX. F.

Monanthia pusilla Fig. 373.

zeichnet sich von den bisherigen durch dickeres drittes und weniger behaartes viertes Fühlerglied, in die Quere gezogene Halsblase, stumpfen Winkel des schildchenähnlichen Fortsatzes des Thorax, und gerade innere Begrenzung der $^3/_4$ der Decken langen Mittelzelle aus.

Die Randzellen der Decken erscheinen bisweilen stellenweise in doppelter Reihe; die Farbe ist gewöhnlich dunkel grau, seltener gelblich, wie in der Abbildung.

Die Abbildung F auf Taf. 129. zeigt den Kopf mit einem Fühlhorn; C die Brust mit den gleichweit von einander entfernten Beinen.

Wolffs T. marginata Fig. 126. und *Panzers* carinata Heft 99. 20. werden hieher gehören.

Tab. CXXVII. Fig. 398.

Monanthia verna *Fallén.*

M. fuscobrunnea, elytris subhyalinis, subdecussatis, grosse, apice grossius reticulatis, tricarinatis, carina interna postice evanescente, capite inermi.

Kleiner und schmaler als M. pusilla, durch unbewehrten Kopf, den hinten fast abgerundeten Thorax, die innen und hinten gröber gegitterten Decken, deren innerster Kiel sich nicht hinter der Deckenmitte mit dem ihm nächsten verbindet, sondern sich in Andern auflöst und deren Innenrand sich nicht ans Schildchen anschliesst, sondern hinter diesem die Flügel in einem dreieckigen Raum unbedeckt lässt, von allen Arten dieser Gattung verschieden und einen schönen Uebergang zu den wahren Tingis-Arten bildend, namentlich manche Analogie mit T. cristata zeigend. Selten; bei Regensburg und Prag.

Tab. CXXIX. A.

Eurycerá *Laporte. Burm. Spin.*

Monanthia *Burm.* — Tingis *Fabr.* — Cimex L. *Geoffr.*

Fühler auffallend gross; Glied 1 cylindrisch, 2 das kleinste, verkehrt konisch, 3 das grösste, keulenförmig, 4 wenig kürzer, eine längliche Nierenform darstellend, excentrisch auf das dritte eingesetzt; 3 und 4 mit sparsamen, ungemein langen Haaren.

Scheitel mit stumpfer Spitze zwischen den sehr genäherten Fühlerwurzeln.

Schnabel fast bis zur Wurzel der Hinterbeine reichend, die Rinne auf dem Metasteruum nach hinten schmäler werdend.

Die Seiten des Thorax mit gleichbreiter Lamelle, die eine einfache Zellenreihe führt; dieselbe setzt sich in gleicher Breite auf die Decken fort.

Tab. CXXIX. Fig. 301.

Eurycera clavicornis *Fabr.*

E. ferruginea, marginibus diaphanis, capite et antennis nigris.

Tingis *Fabr.* Syst. Rhyng. 124. 24. 1. — *Panz.* faun. germ. Heft 23. Fig. 23.

Monanthia *Burm.* p. 260. 1.

Eurycera nigricornis *Laporte Essai* p. 49. — *Spin.* pag. 167.

Cimex tigris *Geoff.* 1. 461. 56. — Reaum 3. t. 34.
f. 1 — 4.

Dunkelrothbraun, Seitenrand des Thorax und der Dekken gleichbreit, heller durchscheinend, mit dunkleren Nerven, Thorax durch Goldbärchen etwas filzig. Kopf und
Fühler schwarz; die Spitze des ersteren und zwei schräge
Wülstchen an seinen Hinterrand gelblich.

Man findet sie mit dem Schöpfer einzeln; vor vielen
Jahren fand ich sie in allen Ständen im Monat August in
den verkrüppelten Spitzen einer Lippenblume; ich glaube
es war ein Teucrium; dieselbe Pflanze die *Reaumur* abbildet.

Tab. CXXX.

Tingis *Fab. Bur. Panz. Fall. Lap. Spin.*

Galeatus Curtis, *Spin.*

Fühler dünn und lang, fein und langbehaart, (wenigstens am Endgliede) Glied 1 und 2 kurz, cylindrisch, 2 konisch, 3 bei weitem das längste und dünnste; 4 höchstens
$\frac{1}{3}$ so lang als 3, gegen das Ende etwas dicker.

Kopf mit oder ohne Dornen; Hals mit einer durch-
sichtigen, von den Seiten her zusammengedrückten Blase,
welche den Kopf grösstentheils bedeckt.

Schnabel bis zu den Hinterbeinen reichend; seine Rinne
nach hinten erweitert.

Die Seiten des Thorax eine horizontale, gegitterte, wie
die Decken fast glashelle, Lamelle vorstellend; an letzteren ist der schiefe Nerv, welcher die Grenze beider Mem-
branen andeutet, schwer herauszufinden.

Beine sehr zart.

Die Seitenkiele des Thorax meist zu muschelartig gekrümmten Lamellen erhoben.

In dieser Gattung lassen sich viererlei Formen unterscheiden, welche von solchen, die gerne Genera fabriciren,
leicht zu solchen erhoben werden können.

I. Die seitlichen Kiele des Thorax erheben sich zu
muschelartig einwärts gekrümmten, halbkugelförmigen Kör-
pern; der Kopf hat feine lange Dornen, die Halsblase ist
stark comprimirt und bedeckt den Kopf von oben, die
Fühlerglieder 3 und 4 haben sparsame, lange, dünne Haare;
die Seiten des Thorax führen eine einzige Reihe (sehr
grosser) Zellen; der Mittelkiel ist nach hinten sehr erhoben; die Decken haben eine einzige Reihe Randzellen.

Hieher gehört:

1. Tingis spinifrons *Fall.*

T. capite quinquespinoso, immaculata, cellulis elytrorum costalibus irregularibus, passim geminatis.

Fallen Mon. Cim. 38. 9. — *Germar* fauna fasc. 13. t. 18.

Da sie bereits bei Germar leidentlich abgebildet ist,
und überdiess sich nur durch sehr schwache Merkmale von
der folgenden unterscheidet, so unterlasse ich eine besondere Abbildung und gebe nur den Kopf von oben (tab. 130. A)
von der Seite (B) Kopf und Brust von unten (C) Thorax von oben (H) und von der Seite (G).

Sie ist die grösste der mir bekannten europäischen
Tingidïten; ich finde sie stets nur einzeln mittelst des
Schöpfers.

2. Tingis affinis *mihi.*

Band 3. Heft 4. pag. 73. Fig. 290. bereits besprochen.

Ich fand sie seitdem selbst, einzeln bei Regensburg.
Ein Exemplar, in Grösse und Zellbildung nicht verschie-

den, ist ungefärbt wie T. spinifrons, und macht mir daher die Rechte der Art etwas zweifelhaft.

3. Tingis maculata *mihi.*

T. capite quinquespinoso, elongata, nervis cellulas marginales separantibus fusco - maculatis.

Wiederum der T. spinifrons und noch mehr der T. affinis sehr nah, doch glaube ich sie in Rücksicht auf die sehr auffallende Zeichnung trennen zu dürfen.

4. Tingis subglobosa *mihi.*

T. capite quinquespinoso, breviter ovalis, nervis cellulas marginales separantibus, fusco - maculatis.

T. pyri Band 3. Heft 4. Fig. 291.

Ich hielt diese Art damals fälschlich für T. pyri, welche bald folgen wird, und bitte diesen Fehler zu verbessern. Sie unterscheidet sich durch ihre kurze Gestalt und den ganz anderen Umriss auf den ersten Blick von den vorigen Arten.

Auffallend verschieden von den bisherigen Arten ist die fünfte.

Die Seitenkiele des Thorax bilden zwar noch Muscheln, diese erheben sich aber nicht mehr zu Halbkugeln; am Kopfe kann ich nur zwei Dornen bemerken, die Decken kreuzen sich nicht.

5. Tingis sinuata *mihi.*

T. postice attenuata, nervis fusco - adumbratis, capite bispinoso.

Zeichnet sich durch den Umriss ihrer im Verhältniss kleinen Decken vor den vorhergehenden Arten aus. Am Kopfe kann ich nur zwei Dornen entdecken, doch ist es möglich dass die zwei hintern unter der weit vorragenden Halsblase versteckt sind. An den Decken ist die hintere Erhabenheit höher, der Raum zwischen beiden an ihrer Innenseite vertieft. Unterseite dunkel rothbraun.

Ich kenne ein einziges Exemplar, welches Herr Prof. Kunze von Herrn Frivaldszky aus Ungarn erhielt.

II. Die seitlichen Kiele des Thorax haben ihre gewöhnliche Gestalt, der mittlere steigt als Lamelle hoch aufwärts das dritte Fühlerglied ist sehr dünn, unbehaart.

6. Tingis pyri *Fabr.* Tab. CXXII. Fig. 395.

T. alba, elytris fascia media et apice fusco-reticulatis, antennis pedibusque omnino flavis.

> *Fabr.* Syst. Rhyng. 126. 9. — *Burm.* 259. 1. — *Laporte,*
> p. 48. — *Spin.* p. 166. — *Fall.* Mon. 39. 11. —
> Hemipt. n. 13.
> Acanthia *Fabr.* Ent. Syst. n. 44. — *Geoffr.* 1. 461. 57.

Ich glaube hier endlich die wahre T. pyri gefunden zu haben, wenigstens stimmen die Beschreibungen, am meisten die einzige genaue von Geoffroy, ganz. Es ist diess die zarteste aller Tingiditen, von allen übrigen Arten ihrer Gattung durch die weisse, nicht glashelle Farbe, das feinere, engere Netz, die ganz gelben Fühler und Beine und die grosse Halsblase unterschieden.

Tab. 130. D zeigt die Seitenansicht des Thorax mit dem Kopfe, a die Halsblase, b den Mittelkiel, c den Seitenkiel, d den freien Seitenrand des Thorax.

III. Die drei Kiele des Thorax sind ziemlich gleich, alle gegittert.

Die Fühler sind fast gleich dick, dicker als bei den bisherigen Arten, und überall stark behaart.

7. T i n g i s f o l i a c e a *Fallen.* Tab. CXXIX. D. CXXX. L. M.

Fall. Hemipt. nr. 12. — *Panzer* faun. fasc. 118. 18.

CXXIX. D zeigt den Kopf mit einem Fühlhorn von oben.

CXXX. L. den Thorax von der Seite, M von oben, a die Halsblase, b die Seitenkiele, c den Mittelkiel, d die Seitenfortsätze.

Bei Regensburg etwas selten.

IV. Die Seitenkiele des Thorax fehlen, der mittlere ist grobgegittert; die Fühler sind ziemlich dick, behaart, und kürzer als bei den bisherigen Arten.

8. T i n g i s c r i s t a t a *Panzer.* Tab. CXXX. H — K.

Panz. faun. fasc. 99. nr. 19.

H zeigt den Thorax von der Seite, K von oben, a die Halsblase, c der Mittelkiel, d die Seitenfortsätze, J Kopf und Fühlhorn von oben.

Selten; ich habe ein einziges Exemplar.

Die Abbildung bei Pz. ist sehr gelungen, nur fehlen die Dornen über den Fühlern, welche nicht mit den Vorsprüngen vor den Augen zu verwechseln sind. Die Dekken haben 3 scharf geschiedene Reihen Zellen, die nur ganz an der Spitze sich verwirren. Was man in der Abbildung in der Mitte sieht, ist der unbedeckte Hinterleib. Flügel fehlen.

Tab. CXXVIII.

Derephysia *Spinola?*

Monanthia *mihi* (Fig. 288 et 289 hujus operis).
Tingis *Germar* faun.

Fühler, so wie der ganze Körper, behaart; Glied
1 am dicksten, cylindrisch, 2 kurz conisch, 3 das längste,
gegen die Wurzel etwas dicker, 4 ungefähr halb so lang,
gegen die Wurzel etwas dünner, daher fast keulenförmig;
die Haare fein und ziemlich lang.

Der Kopf gewöhnlich mit fünf Dornen, die aber nicht
bei allen gleichmässig ausgebildet sind, 2 über der Fühlerwurzel, ein einzelner über diesen, und einer am Innenrand
jedes Auges.

Schnabel von verschiedener Länge, seine Rinne auf
dem Metasternum kreisartig erweitert, mit fadenförmig er-
hobenen Rändern.

Die Seiten des Thorax mit wenigstens zweireihig ge-
gitterter Lamelle; am Rande dieser Lamelle und der Dekken ist die Behaarung besonders deutlich.

Drei Arten dieser Gattung habe ich bereits bekannt
gemacht. Die beiden grösseren sind in diesem Werke als
Monanthien abgebildet, nämlich:

Derephysia reticulata.
Band. III. Heft. 4. Fig 288. und

Derephysia angusticollis
ibid. Fig. 259.

Der Kopf hat bei beiden fünf stumpfe Dörnchen, die

beiden vordersten sehr genähert, die beiden hintersten, am
innern Augenrand, sehr klein

Die dritte Art :

Derephysia gracilis *mihi*

ist bereits in Panzers fauna fasc. 118. nr. 20. von mir
bekannt gemacht, und später von Germar, faun. 18. nr.
24. als T. capucina wieder geliefert worden. Der ganz
verschiedene Umriss dieser beiden Figuren findet sich wirklich in der Natur; ich habe aber die unbezweifeltsten Uebergänge der einen in die andere. Die Figuren G und H gehören
den längeren Exemplaren, J und K den kürzeren; bei den
ersteren ragt die Halsblase weiter nach vorn, und der Thorax ist hinten spitzer ; von der Seite gesehen zeigt sich in
der Form der Halsblase ein noch auffallenderer Unterschied;
doch auch diese beiden Formen zeigen nur die Extreme,
zwischen ihnen stehen deutliche Uebergänge. — D E F
zeigt den Kopf mit Fühlhorn von oben, von der Seite,
und von unten, hier mit der Schnabelrinne.

Sollten sich beide Formen dennoch als verschiedéne
Arten herausstellen, so bleibt der längeren der Name D.
gracilis, der kürzeren D. capucina *Germar.*

Derephysia crispata *mihi.* Tab. CXXVIII. Fig. 399.
A B C.

D. lanuginosa, antennis pilis densis, marginibus
curvatis obsitis; antennarum articulo quarto tertio vix
duplo breviori, non crassiori.

Weicht von den übrigen Arten durch die fast filzartige
Behaarung des Körpers, die dichtere der Fühler und die

schlingenartig gekrümmte der freien Ränder ab. Das vierte
Fühlerglied ist mehr als halb so lang als das dritte, und
nicht dicker als dieses an der Wurzel; die Dornen des
Kopfes sind kaum zu unterscheiden, und die Halsblase
nimmt die flache eckige Form mehrerer Monanthien an.

Aus Ungarn von Herrn Dr. Frivaldszky.

A zeigt den Kopf von oben, B von unten, mit dem
kurzen Schnabel und seiner Rinne; C mit dem Thorax von
der Seite.

Dictyonota *Curtis*, *Spin.*, *Lap.*

Piesma *Burm.* — Tingis *F. Panz. Fall.* — Acanthia *Wolf.*

Fühler gleich dick, Glied 1 cylindrisch, 2 fast breiter
als lang, das kleinste, 3 bei weitem das längste, 4 länglich eiförmig; 3 und 4 mit conischen, schuppenartig ange-
drückten Wärzchen besetzt, deren jedes an der Spitze ein
Haar führt.

Scheitel mit zwei scharfen, vorwärts gerichteten Spitzchen, innere Orbita wulstähnlich blass erhoben.

Schnabel bis zu den Hinterbeinen reichend, seine Rinne auf dem Metasternum erweitert, ihre lamellenartig er-
hobenen Seiten gegittert.

Die Seiten des Thorax mit vorn breiterer Lamelle,
welche, gleichwie die der Decken, eine zwei- bis dreifa-
che Zellenreihe führt.

Dictyonota pilicornis *mihi*. Tab. CXXIX. Fig. 302.

In Panzer's fauna fasc. 118. 17. bereits abgebildet und beschrieben.

Dictyonota crassicornis *Fall.* Tab. CXXIX. B.

unterscheidet sich davon durch bedeutendere Grösse, längere Decken, besonders von dem mittleren Felde an gerechnet, schwarze Schenkel, divergirende, an der Spitze weissliche Dornen des Kopfes, weissliche innere Orbita, viel kürzere, einwärts gebogene Seitendornen, niedrigere, wenig gegitterte Seitenkiele des Thorax.
Seltener als die vorige.

Dictyonota (Tingis) erythrophthalma *Germ*

Germar faun. fasc. 3. nr. 25. ist von beiden vorhergehenden Arten wesentlich verschieden, wie mich natürliche Exemplare, welche ich in Prag sah, überzeugten; eine genauere Vergleichung konnte ich nicht vornehmen.

Tab. CXXXI. Fig. 402.

Rhopalus Schillingii *Schill.*

Rh. linearis, virescens, antennarum articulo primo capite longiori, elytris abdomine multo brevioribus; antennis purpureo - adspersis.

Schilling, Beiträge zur Entomol. 1832. nr. 7.

Ein ausgezeichnetes Thier, welches ich früher aus Preussen, neuerlichst aus Ungarn von Herrn Dr. Frivaldszky erhalten habe.

Viel grösser und länger als Rh. miriformis, fast ganz das Ansehen einer Miris zeigend, zu welchen sie auch den deutlichsten Uebergang bildet.

Tab. CXXXI. Fig. 403.

Heterogaster punctipennis *mihi.*

H. membrana inter nervos scriebus macularum fuscarum.

Dem H. thymi am nächsten, grösser, breiter und viel plumper, Thorax nach vorne weniger verengt, die Decken von der Wurzel an etwas bauchig, der Winkel, in den sich die Nath in den Hinterrand bricht, rechtwinklig, zwei Nerven, welche die Wurzel nicht erreichen, an dem Hinterrand fein schwarz, Membran milchweiss, die Nerven deutlich, zwischen den 4 oder 5 äusseren stehen Längsreihen unregelmässiger brauner Flecke. Die Farbe des Körpers ist braungrau. Von Herrn Dr. Frivaldszky aus Ungarn, zwei Weibchen; ein drittes weibliches Exemplar von rothgrauer Färbung und röthlichen Flecken der Membran fand sich unter meinen Vorräthen, ich glaube dass es aus Bayern stammt.

Tab. CXXXI. Fig. 404.

Heterogaster affinis *mihi foem.*

'H. nigroaeneus, testaceo - aut rubrovariegatus, hemelytrorum testaceorum solum margine postico nigro notato; ventre immaculato; trochanteribus femoribusque nigris, his solum apice pallidis.

Mit H. urticae im Bau vollkommen übereinstimmend, höchstens ein wenig schlanker. Die Mitellinie des Thorax scheint etwas erhabener und endet am Vorderrande in ein glattes hellgefärbtes Fleckchen; eben so ist die des Schildchens deutlicher. An den Decken ist nur die Spitzenhälfte des Hinterrands dunkelbraun; die Flecke der Membran sind wie dort unbeständig.

Zwei Weiber bei Regensburg gefunden; bei dem einen ist alles was in der Abbildung roth ist, blassgelb. Der auffallendste Unterschied dieser Art besteht darin, dass nur die 3 (nicht 4) letzten Bauchsegmente gespalten sind, was diese Art eigentlich von dieser Gattung ausschliesst.

Tab. CXXXI. Fig. 405.

Heterogaster reticulatus *mihi.*

H. alutaceus, hemelytris pallido - reticulatis; membrana nigra, utrinque macula lunata alba..

Die kurze Gestalt von H. ericae, noch plumper, Augen kleiner, Fühler dicker; schwarzbraun, überall filzig, matt, Kopf unpunktirt, Augen kleiner, Thorax mit etwas kleineren, sparsameren Punkten, hinten unpunktirt, mit drei hellen Flecken; Schildchen länger, neben der hinten erhabenen Mittellinie narbig; Decken mit blassgelben, unregelmässig und abändernden netzartigen Nerven; Membran braun, Nerven dunkler, zwischen ihnen weisse Sprenkeln, besonders am Rand; unter dem Anhang ein weisser Mondfleck, ein kleinerer ihm gegenüber. Beine und Unterseite schwarz, Kniee, Wurzel der Schienen und Tarsenglieder, und Randpunkte des Hinterleibs rothbraun; die Brust mit einem ähnlichen, glatten Knötchen.

Zwei Weibchen von Herrn Dr. Frivaldszky aus Ungarn; ein drittes von Herrn Dr. Waltl aus Spanien mitgebracht unterscheidet sich durch blassere, mehr ockergelbe Grundfarbe, nur mit schwarzem Kopf.

Tab. CXXXII. Fig. 406.

Capsus Maerkelii *mihi.*

C. thorace in collum protracto, niger, antenna rum articulo primo elytrisque extus pallide flavis, pedibus ferrugineis.

Eine sehr ausgezeichnete von Herrn Cantor Märkel in der sächsischen Schweiz entdeckte Art, welche unter die Abtheilung mit abgeschnürtem Halse gehört. Schwarz, Fühlerglied 2 an der grösseren Endhälfte blassgelb, die folgenden braun. Kopf und Thorax matt, letzterer hinten sehr tief ausgeschnitten; Schildchen sehr gross, vorne sehr convex und glatt. Decken bleichbraun, am Aussenrand breit gelblich; Membran breiter als die Decken, bräunlich, am Rand dunkler. Beine rostgelb, Tarsen gegen das Ende dunkler.

Tab. CXXXII. Fig. 407.

Capsus Roseri *mihi.*

C. niger, thoracis angulis fuscis, femorum apice late ferrugineo, tibiis et tarsis pallide flavis, nigro· punctatis; elytris pallidis macula media magna fusca.

Scheint mir neu; von Herrn Geh. Legationsrath von Roser bei Stuttgart entdeckt. Glänzend schwarz, kaum punktirt, der Halswulst und die Hinterecken des Thorax braun. Decken durchsichtig bleichbraun, jede mit grossem dunklem Mittelfleck; Membran an der Wurzelhälfte wasserhell, an der andern schwärzlich. Schenkel schwarzbraun, an der Endhälfte lebhaft rostroth, fast orange; Schienen und Tarsen weissgelb, schwarz punktirt.

Tab. CXXXII. Fig. 408 et 409.

Capsus furcatus *mihi.*

C. versicolor, elytris in media costa et appendice fuscis.

Sehr abändernd, doch ist durch das häufige Beisammenleben der verschiedensten Varietäten auf Weiden die Identität unbezweifelt.

Gewöhnlich schwarz, Seiten und Hinterrand des Kopfes, eine feine Mittellinie des Thorax, zwei Fleckchen vorn am Schildchen, der Innenrand der Decken, ein Streif von der Schulter zum Afterwinkel, die Wurzelhälfte des Anhangs, der feine Nerv der Membran, die Spitze der Schenkel und die Schienen bleichgelb, letztere mit groben schwarzen Punkten.

Das Weib ist gewöhnlich heller, braun, hat ausser

tirte Schenkel.

Fig. 409. stellt eines der hellsten, ganz bunt gefärbten Exemplare dar.

Es ist leicht möglich, dass Fallen's P. Bohemanni und ruficollis (Hemipt. p. 106. 107. nr. 58. und 60.) hieher gehören, besonders da er den Aufenthalt der ersteren auch auf Weiden angiebt.

Tab. CXXXIII. Fig. 410.

Tesseratoma scutellaris *Hagenbach.*

T. fuscobrunnea, thoracis lateribus obtuse angulatis, antennarum apice ferrugineo; Femoribus posticis ante apicem bidentatis: pone basidente longissimo.

Dunkel kirschbraun, Kopf, Schildchen, Bauch, Fühler und Beine dunkler, Spitze des vierten Fühlergliedes rostgelb. Oberfläche sparsam punktirt, Thorax und Schildchen mit Querrunzeln; die Spitze des Schildchens schmal vorgezogen. Die verdickten Hinterschenkel führen nahe an der Wurzel innen einen sehr langen, etwas gekrümmten Zahn, dann zwei Längsreihen stumpfer Zähnchen, deren jede wieder mit einem grösseren endet. Die Hinterschienen sind dick und gekrümmt.

Aus Java; von Herrn Sturm.

Tab. CXXXIII. Fig. 411.

Oncomerus Merianae *F.*

O. fusco - niger, antennarum articulo ultimo, venis elytrorum, abdominisque maculis marginalibus ochraceis.

Burm. Handb. 352. 1.
Edessa *Fabr.* S. Ryng. 149. 15. — *Stoll.* Cim. t. 21. fig. 141.

Eine der grössten Wanzenarten; oben ziemlich flach, unten ungemein convex. Dunkelbraun, nicht stark glänzend, Thorax und Schildchen durch Punkte und Querrunzeln lederartig; die beiden Seitenlappen des Kopfes ragen weit über den Mittellappen vor und liegen dicht an einan-

chen ist sehr spitz, hinten mit einer Längserhabenheit.
Die Unterseite ist ockergelb, gross braunfleckig.

Aus Java.

Das Exemplar, welches mir Herr Sturm mittheilte,
stammt von Herrn Hagenbach und führt den Zettel:
Pentat. Sebae Hagenbach. Seba T. IV. t. 95. fig. 25.
Da es aber so genau zu der ausführlichen Fabricischen
und auch zu Burmeisters Beschreibung passt, so nahm
ich keinen Anstand den älteren Namen zu lassen.

Tab. CXXXIII. Fig. 412.

Edessa corrosa *mihi*.

E. (mesosterni lamina sexdentata) rugosa, pra-
sina, antennis, pedibus, scutelli apice et elytrorum
costa flavis, hac grosse nigro punctata.

Von der Grösse und Gestalt des Asopus luridus, oben
flach, punktirt, und stark runzlig; apfelgrün, alle Ränder,
Spitze des Schildchens, Fühler und Beine bleichgelb, die
Decken bleich zimmetfarben, ihr Aussenrand aber gelb,
mit gröben, tiefschwarzen Punkten.

Aus Südamerika.

Tab. CXXXIII. Fig. 413.

Edessa obsoleta.

E. (pectore carinato, mesosterni lamina plana,
pentagona) testacea, undique dense fusco-impresso-
punctata, elytrorum puncto medio flavo.

Gehört zu Burmeister Abth. II. A. Lang oval, ziemlich convex, glänzend braungelb, Kopf, Thorax, Schildchen und Decken dicht und gleichmässig eingestochen punktirt, jeder Punkt braun umzogen; in der Mitte der Decken bleibt ein kleines Fleckchen glatt, und erscheint dadurch heller gelb.

Von Herrn Sturm, ohne Angabe des Vaterlands.

Tab. CXXXIV. Fig. 414.

Thyreocoris variegatus *mihi.*

Th. nigroaeneus, capitis maculis duabus, thoracis et scutelli margine, illo duplici, thoracis lunulis anticis quatuor, punctis posticis duobus, scutelli maculis duabus transversis basalibus, antennis pedibusque flavis.

Vielleicht 12 punctata Klug oder seminulum Burm., deren Werke ich nicht vergleichen kann; von Hrn. Sturm erhielt ich sie als flavipes F., welche Beschreibung aber nicht passt.

Die kleinste mir bekannte Art der Gattung, dicht fein punktirt, daher weniger glänzend als silphoides.

A. Ende der Schienen und die Fussglieder.

B. Fühlhorn.

C. After des Mannes von unten.

Tab. CXXXIV. Fig. 415.

Thyreocoris silphoides *F.*

Burm. Handb. p. 384. 3. —
Tetyra *Fabr.* S. Rh. 141. 42.

Die Bezeichnung Burmeisters stimmt nicht ganz,
die gelbe Linie nimmt nicht den Rand selbst ein, sondern
läuft wie ein Faden dicht an demselben hin, fehlt aber am
Kopfe; auch die gelben Flecke des Bauchs fehlen meinem
Exemplar. Die Beine sind pechbraun, mit helleren Gelenken und Tarsen. Die ganze, sehr convexe Oberseite ist
äusserst fein seicht punktirt, auf der Höhe des Thorax und
Schildchens kaum merklich. Die Unterseite ist ganz flach.

Unter obigem Namen von Herrn Sturm; aus Java.
Fig. D. der After des Weibchens von unten.

Tab. CXXXIV. Fig. 416.

Thyreocoris cribrarius *Fabr.*

T. luteus, punctatus, pectore cinereo, ventris
medio fusco.

Burm. Handb. p. 384. n. 2.
Tetyra *Fabr.* S. R. 143. 52.

Etwas grösser als T. globus; ockergelb, glänzend,
Thorax und Schildchen gegen hinten etwas ins Olivengrün-
liche, zerstreut punktirt, die Punkte vorn am Thorax zu
regelmässigen Linien gehäuft. Schildchen mit einer ein-
gedrückten Bogenlinie an der Wurzel, und einer längs des
ganzen freien Randes. Unten ist die Mitte der Brustsegmente schimmelgrau, die Mitte des Bauches braun, zwischen dieser und den braunen Luftlöchern noch braune
eingedrückte Querstriche.

Von Herrn Sturm als Tetyra quadrata Megerle; aus
Ostindien.

Tab. CXXXV. Fig. 417.

Aspongopus amethystinus *F.*

A. Cerasinus, subtus et maculis marginalibus abdominis ochraceis, capite, thorace, scutello et subtus
viridi-aureo micans.

Burm. Handb. p. 351. 2.

Edessa *F.* S. R. 150. 20. — *Stoll.* Cim. tab. 4. f. 25.

Tesserat. alternata Enc. meth. X. 591. 5.

Grösse von Edessa papillosa, ziemlich flachgedrückt;
Fühler viergliedrig; die Glieder 2 und 3, auch 4 an der
Wurzel, oben gerinnt. Der Kopf in der Mitte sehr tief
eingeschnitten. Die ganze Oberfläche fein punktirt, Thorax und Schildchen noch mit vielen feinen Querrunzeln.
Die Farbe ist bräunlich, mit purpurrothem Anflug, und
goldgrünem Schimmer, die Decken sind fast rein kirsch-
roth, die Unterseite dunkel-ockergelb, mit stark goldgrünem, mattem Schimmer, Beine schwarzbraun, alle Schenkel mit starkem Dorn vor dem Ende.

Von Herrn Sturm; aus Java.

Tab. CXXXV. Fig. 418.

Aspongopus depressicornis *mihi.*

A. fuscus, ovatus, antennis 4-articulatis, articulis
2 et 3 depresso-dilatatis; puncto scutelli basali et
apicali, maculisque marginis abdominis aurantiacis.

Die eigenthümliche, von oben nach unten flachge-
druckte Gestalt der Fühlerglieder 2 und 3 kommt dieser
Art in stärkerem Grade zu, als dem A. mactans; jedes

dieser Glieder führt oben zwei eingedruckte Längslinien. Das Thier ist oben sehr flach, lederartig, rauh, dunkelrothbraun, matt, ein Längswülstchen des Kopfes, der Vorderand des Thorax und die beiden Schwielen desselben glatter, röther; die Unterseite, besonders der Bauch ist convexer, letzterer glatter, schmutzig orange, braun bestaubt; die Beine sind kirschbraun.

Tab. CXXXV. Fig. 419.

Pachycoris obscuratus *mihi*.

P. breviter ovalis, capite triangulo, testaceus, fusco irroratus, capitis et thoracis margine, hujus callis et lineis posticis 5, scutelli linea unica postica laev snqıflavis.

Von gewöhnlicher Form, etwas kleiner als P. grammicus, hinten und an den Ecken des Thorax stumpfer. Braungelb, dicht punctirt, die Puncte und ihre Umgebung braun, die Seitenränder des Kopfes und Thorax, die zwei Querschwielen, und hinten 5 Längslinien des letzteren unpunctirt, daher heller; eben so eine Längslinie hinten am Schildchen. Die Decken und Beine mit purpurrothem Anfluge, die Schenkel stark punctirt. Fühler weissgelb, Glied 4 und 5 nur an beiden Enden, 3 nur an der Wurzelhälfte.

Aus Südamerika; von Herrn Sturm.

Tab. CXXXV. Fig. 420.

Pachycoris bipunctatus *Sturm.*

P. brunneus, opacus, fusco nebulosus, punctis 2 nigris ad basin scutelli.

Unter obigem Namen von Herrn S t u r m, ohne Angabe des Vaterlandes. Grösse von P. F a b r i c i i, 'doch etwas kürzer, Kopf grösser, die Ecken des Thorax stumpfer. Ueberall dicht braun punctirt, matt kirschbraun, rostbraun wolkig, mit· schwarzen Schrägstrichen und 2 tief schwarzen Flecken an der Wurzel des Schildchens; Beine mehr rostgelb.

Tab. CXXXVI. Fig. 421.

Asopus decemguttatus *Encyclop.*

A. (B. a. *α.* Burm.) niger·, nitidus, capite cum antennarum basi pedibusque cinnamomeis, thoracis maculis tribus, scutelli binis et apice late, elytrorum binis, ventris margine inaequaliter et macula antica flavis.

Ich gebe diesen Namen nur, weil er gut auf die Art passt. Die Punctirung ist äuserst sparsam. Fühlenglied 2 ist kaum merklich länger als 3.

Aus Brasilien; von Herrn S t u r m.

Tab. CXXXVI. Fig. 422.

Asopus decastigma *mihi.*

A. (B. a. *α.* Burm.) niger, grosse punctatus, maculis 10 coccineis, tribus thoracis, tribus scutelli et binis singuli elytri.

Schwarz, mit ungewöhnlich grossen, sparsamen schwarzen Hohlpuncten und zehn grossen, rothen Flecken. Unten ist der Hinterleibsrand nur gegen das Aftersegment hin zerrissen roth.

Aus Brasilien. Von Herru Sturm.

Tab. CXXXVI. Fig. 423.

Asopus chrysoprasinus *mihi*.

A. (Burm. B. a. *β*.) viridi aureus, subtus, antennis pedibusque cyaneus.

- Fühlerglied 2 ist merklich länger als 3; diess etwas gekeult; die ganze Oberfläche prächtig goldgrün, am Thorax sehr sparsam, am Schildchen dichter, an den Decken feiner punctirt.

Aus Brasilien. Von Herrn Sturm.

Tab. CXXXVI. Fig. 424.

Asopus coccineus *mihi*.

A. (B. a. *α*. Burm.) coccineus, therace postice late, callis, scutelli et elytrorum maculis binis obsoletis luteis; antennis, pectore et abdomine nigris, hujus margine et spina basali coccineis.

In allen Theilen kürzer als A. 10 guttatus; dichter, aber undeutlicher punctirt. Fühlerglied 1 ganz, 2 an der Wurzel roth, 3 an der Wurzel weiss; die Flecke an Schildchen und Decken sind kaum zu erkennen.

Aus Brasilien; von Herrn Sturm.

Tab. CXXXVII. Fig. 425.

Cimex violaceus *Fabr.*

C. (l. B. Burm.) nigroviolaceus, abdomine coccineo maculis marginis superioris, punctis intra-mar-
ginalibus inferis et segmento anali nigris.

Fabr. S. Rh. 167. 63. (*Stoll.* t. 20. fig. 133.)

Bau so ziemlich von C. perspicuus, kleiner. Oben
mit sparsamen, groben, nur auf den Decken sehr feinen
Puncten.

Aus Brasilien; von Herrn Sturm.

Tab. CXXXVII. Fig. 426.

Asopus dichrous.

A. (A. b. β. Burm.) cyaneus, thoracis margine
obsolete, macula media, scutelli binis et ventris medio coccineis.

Etwas grösser und convexer als A. luridus; grob
punctirt, gegen die Wurzel des Schildchens am sparsam-
sten, auf den Decken dichter; diese matter und so wie
die Schwielen des Thorax und einzelne glättere Stellen
mehr grünlich. Der Seitenrand des Thorax und der Decken
äusserst fein, fast unterbrochen roth, ein Mittellängsfleck
des Thorax und zwei schräge in der Mitte des Schild-

Tab. CXXXVII. Fig 427.

Asopus variegatus *mihi.*

A. (B. a. *β.* Burm.) obscure viridis, capitis margine, antennis pedibusque ferrugineis, thoracis angulis late, scutelli marginibus inaequaliter elytrisque flavis; thoracis angulis macula nigra et puncto ferrugineo, elytris macula interna nigra.

Dunkel-erzgrün mit Schwefelgelb; Rand des Kopfes, die Fühler und Beine rostgelb; Schenkel gegen die Wurzel schwarz. Unten ein Mittelfleck nebst dem Dorn und der breite Rand des Bauches gelb, in diesem jederseits 4 schwarze Flecke.

Aus Amerika; von Herrn Sturm.

Tab. CXXXVII. Fig. 428.

Asopus rhodomelas *mihi.*

A. (A. b. *β.* Burm.) sanguineus, subtus, antennis, pedibus, capite, thoracis maculis binis anticis, scutelli tribus et membrana nigris; ventris spina maculaque magna sanguineis.

Wahrscheinlich nur Varietät von A. dichrous; der freie Rand des Hinterleibs ist erst schwarz, dann ganz schmal roth; der Bauch ist genau wie dort, nur statt blau ist alles schwarz.

Aus Mexiko; von Herrn Sturm.

Tab. CXXXVIII. Fig. 429.

Cimex perspicuus *Burm.*

C. aurantiacus, thorace, scutello elytrisque maculis binis, abdomine margine et subtus pluribus nigris.

Burm. Handb. p. 370. 16.

Etwas flach, nur der Thorax stark gewölbt, Kopf abwärts geneigt, die Seiten des Hinterleibs aufgebogen. Lebhaft orange, fast mennigroth, dicht punctirt, die Puncte
aber nicht dunkler. Die Zeichnung der Oberseite erhellt
aus der Abbildung; unten hat Brust und Bauch jederseits
eine doppelte Reihe schwarzer Flecke, der Bauch noch
ausserdem einige in der Mittellinie.

Von Herrn Sturm; von der Insel St. Thomas.

Tab. CXXXVIII. Fig. 430.

Cimex limbatus *Fabr.*

C. nigrovirens, margine omni lineisque flavis,
croceo - tinctis.

Fabr. Syst. Rh. 145. 110.

Burm. Handb. p. 367. 10.

Ein regelmässiges Oval, mit sehr langen Beinen und
Fühlern. Thorax und Schildchen sehr sparsam grob, Decken
dicht fein punctirt. Schwarzgrün alle Ränder, zwei Längs-
streife des Kopfes, ein Kreuz des Thorax, drei Längslinien
der Decken, deren äussere hinten einen Querstreif zum
Afterwinkel schickt, und die Unterseite hochgelb, mit Sa-
franroth aufgeblickt. Unten vier Längsreihen grosser Flecke,
die inneren quer viereckig, die äusseren gerundet.

Von Herrn Sturm; aus Java.

Tab. CXXXVIII. Fig. 431.

Augocoris Gomesii *Burm.*

A. testaceus, nitidus, antennis, fronte, pedibus, thoracis maculis 4 — 6, scutelli 5 — 7 nigrocyaneis, frontis duabus testaceis.

Burm. Handb. p. 396. 1.

Burmeister erwähnt die orange Farbenmischung nicht, und nennt die Flecke nigro-aeneos; doch zweifle ich nicht an der Identität der Arten. Von den beiden gel-ben Flecken des Kopfes ziehen sich 2 rothe Linien nach hinten; die Oberfläche ist fein punctirt, das Schildchen gegen hinten seicht runzelig. Unten bleichgelb, die Mitte der Brustsegmente und ein Fleck jederseits am zweiten Bauchringe stahlblau.

Aus der Havannah; von Herrn Sturm.

Tab. CXXXVIII. Fig. 432.

Augocoris rugulosus *mihi.*

A. niger, nitidus, grosse rugosus, thoracis vitta, scutelli maculis tribus (media utrinque transversa, postica tricuspidata) et abdomine (nigro-maculato) miniaceis.

Obgleich das dritte Fühlerglied in dem einzigen, mir von Herrn Sturm mitgetheilten Exemplar fehlt, so zweifle ich doch nicht, dass sie in diese Gattung gehöre. Die Ober-fläche ist kaum punctirt, aber mit groben Quer-, an den Rändern netzartigen Runzeln bedeckt. Bauch mennigroth mit 4 Längsreihen schwarzer Flecke, die sich am After verbinden.

Aus Südamerika.

Tab. CXXXIX. Fig. 433.

Aspongopus unicolor *mihi.*

A. niger, pedibus fuscescentibus.

Ganz einfarbig glänzend schwarz, die Beine und das letzte Fühlerglied mehr rothbraun. Etwas kleiner als A. mactans und nicht so flach.

Von Herrn Sturm; wahrscheinlich aus Afrika, das ganze Thier hat ein öliges Ansehen, was vielleicht zufällig ist.

Tab. CXXXIX. Fig. 434.

Cimex incisus *mihi.*

C. fuscus, antennis subsetaceis, thoracis angulis subacutis, scutelli apice utrinque membranaque fuscis; abdominis margine ferrugineo, nigro maculato.

Nähert sich in der Gestalt den Arten der Gattung Halys und zeichnet sich durch die gegen das Ende dünneren Fühler aus, deren letztes Glied heller gefärbt ist. Der Kopf ist eingeschnitten, die Vorder- und Seitenecken des Thorax scharf, das Schildchen führt jederseits an der Spitze einen dunklen Fleck, und der flach vortretende staffelartig abgesetzte Rand des Hinterleibs ist rostroth, am Hinterrande jedes Segments schwarz.

Aus Brasilien. Von Herrn Sturm.

Tab. CXXXIX. Fig. 435.

Cimex flavicinctus *mihi.*

C. fuscus, margine thoracis et abdominis, punctis duobus ad basin scutelli, unoque medio singuli
elytri cum tarsis luteis.

Eiförmig, hinter der Mitte am breitesten, runzlich
punctirt, am Thorax gröber. Am Kopf tritt das Mittelstück schmal vor, am Thorax bilden die Vorderecken
scharfe Spitzchen, die Hinterecken sind gerundet; das Schildchen ist lang und schmal. Farbe dunkelrothbraun, Seitenrand des Thorax und des breit vorstehenden Hinterleibs,
das letzte Fühlerglied, die Tarsen, zwei Punkte an der
Wurzel des Schildchens und einer in der Mitte jeder Decke
gelb.

Aus Brasilien. Von Herrn Sturm.

Tab. CXXXIX. Fig. 436.

Cimex rufocinctus *mihi.*

C. obscure viridis, margine laterali omni et scutelli apice sanguineis.

Gestalt unseres C. dissimilis und prasinus, überall
fein punktirt, das Mittelstück des Kopfes kürzer als die
seitlichen, die Ecken des Thorax gerundet. Schmutzig und
matt dunkelgrün, Seitenrand des Thorax und des wenig
vorstehenden Hinterleibs, so wie die Spitze des Schildchens
blutroth. Membran weiss. Fühler und Beine schwarz.

Von Herrn Sturm, wahrscheinlich aus Mexico.

Tab. CXL. Fig. 437.

Pachymerus fenestratus *mihi.*

P. thorace postice ferrugineo, lateribus medio albo, elytris fuscis macula media quadrata nigra, membranae nervis et maculis binis hyalinis; tibiis et tarsis ferrugineis.

Dem P. vulgaris am nächsten, etwas kleiner und besonders schmaler, der Thorax an den Seiten merklich eingebogen; schwarz, der Thorax hinten rothbraun, mit schwarzem Fleck in jeder Ecke, der Seitenrand in der Mitte breit weisslich. Decken nussbraun, mit schwarzem viereckigen Fleck in der Mitte. Membran etwas heller, die Adern und ein runder Fleck am Innen- und Aussenrand glashell. Schienen und Tarsen rostroth.

Aus Ungarn von Hrn. Dr. Frivaldszky.

Tab. CXL. Fig. 438.

Pachymerus Pineti *Hoffmannsegg.*

P. thorace lateribus et postice, elytrorum et membranae nigrae apice albo; macula angulorum posticorum thoracis et anguli interni elytrorum nigris.

Schmäler als P. pini, der Kopf spitziger, der Thorax in der Mitte convexer, die Seitenränder mehr und breiter flach. Schwarz, die Spitze des ersten und zweiten Füh-

vier hinteren Schienen in der Mitte mehr braun.
Aus Portugal.

Tab. CXL. Fig. 439.

Pachymerus nitidulus *mihi*.

P. fuscus, nitidissimus, thoracis angulis posticis, elytris extus et intus, geniculis, tibüs et tarsis tastaceis, membrana hyalina, medio dilute fusca.

Dem P. agrestis in Grösse und Umriss am nächsten, etwas schmaler, convexer, der Thorax in der Mitte nicht so der Quere nach vertieft, viel glänzender, metallisch schwarzbraun, die Decken innen und aussen blässer. Die Hinterecken des Thorax, die sechs Flecken der Brust, die Kniee, Schienen und Tarsen braungelb, die Hinterschienen dunkler. Membran glashell, in der Mitte vertrieben bräunlich.

Aus Ungarn, von Hrn. Dr. Frivalszky.

Tab. CXL. Fig. 440.

Pachymerus contractus *mihi.*

P. niger, nitidus, elytris basi, intus, et macula marginali anteapicali pallidis, thorace cruciatim impresso.

Dem P. sabuleti am nächsten, etwas grösser, Kopf länger, der Thorax mit ungemein tiefem Quereindruck über die Mitte, tief eingebogenen Seiten und schwachem Längseindruck. Schwarz, glatt, glänzend, dicht fein punktirt. Fühler sehr dick, die Seiten des Thorax in der Mitte schmal weiss, Schildchen in der Mitte grubenförmig vertieft, hinten mit einem Längskiel. An den dunkelbraunen Decken die Wurzel, der Innenrand und ein Fleck vor der Spitze des Aussenrandes lichter. Membran braun, an der Wurzel mit weisslichem Mondfleck. Vorderschenkel sehr dick; Schienen und Tarsen rostroth, die vordersten, Schienen sehr krumm.

Von Herrn Merkel in Stadt Wehlen und aus Wien.

Tab. CXLI. Fig. 441.

C o r e u s a f f i n i s *mihi.*

C. purpureo-cinnamomeus, antennarum articulis 3 et 4 longitudine aequalibus, 5 fere crassiori, theracis margine laterali denticulis pluribus, postico binis albidis.

Dem C. pilicornis Burm. (Hahn Fig. 188.) äusserst nah; etwas grösser, das letzte Fühlerglied so lang als das vorletzte, und etwas dicker. Die Farbe viel lebhafter, zimmtroth, Unterseite und die vier Vorderbeine heller, gelblich.

Aus Portugal von Herr Merkel.

Tab. CXLI. Fig. 442.

Syromastes sulcicornis *F.*

S. cinnamomeus antennis purpureis, articulis 2 et 3 sulcatis, 4 multo! breviori, capite inter antehnas unispinoso.

Burm. p. 314. n. 2.

Coreus F. S. Rh. p. 199. n. 34. — Coqueb. I. 40. t. 10. f. 9.

Unserm einheimischen S. quadratus am nächsten, länger, schmaler, der Hinterleib bei weitem nicht so vorstehend, die Fühlerglieder 2 und 3 viel dicker, fast dicker als das viel kürzere vierte (dies ist in der Abbildung viel zu dick), 2 und 3 deutlich dreikantig, die Flächen vertieft. Oberseite zimmtroth, Fühler mehr ins Purpurrothe, Seiten des Thorax, Unterseite und Beine gelblich.

Tab. CXLI. Fig. 444.

Syromastes fundator *Hoffmannsegg.*

S. capite inter antennas bispinoso, thoracis angulis lateralibus acutissimis, antennis dimidio corpore multo longioribus.

Dem S. marginatus sehr nah, aber durch die in allen Theilen fast um ⅓ längeren Fühler und die scharfen Ek-

ken des der Quere nach mehr ausgehöhlten Thorax be-
stimmt verschieden. Die Figuren 443. (vor S. marginatus)
und 444. (vor S. fundator) stellen diesen Unterschied
deutlich dar.

Aus dem südlichen Europa; Portugal und Italien.

Tab. CXLI. Fig. 445.

Gonocerus juniperi *Dahl*.

G. antennarūm articulis 2, 3, 4. longitudine de-
crescentibis, clavatis, 2 et 3 basi purpureis; cinnamomeus elytris luteo variis.

Merklich kleiner als der hier einheimische G. venator, Fühler dicker, Kopf und Ecken des Thorax stumpfer.

Zimmtbraun, die Fühlerglieder 2 und 3 an der Wurzel purpurroth; Decken, besonders an der Wurzel des Aussenrandes, Bauchrand, Unterseite, und Beine mehr gelblich.

Die Oberseite ist durch gehäufte schwarze Punkte
fleckiger als bei G. venator.

Aus Dalmatien und Ungarn.

Tab. CXLII. Fig. 446.

H a l y s   s p i n o s u l a.

H. fusca, grosse transversin rugosa, corporis margine omni dense et longe spinoso.

Guerin Magasin. pl. 21.

Von allen ausländischen Verwandten durch die scharfen, starken Dornen am ganzen Rande des Körpers ausgezeichnet; braun, durch dicht stehende grobe, auf Kopf, Thorax und Schildchen quer runzlige Punkte matt; an der Spitze des Schildchens und auf den Decken mit kleinen, glatten, gelblichen Stellen. Das Mittelstück des Kopfes wird von den seitlichen weit überragt; der vorstehende, etwas aufgebogene Rand des Hinterleibs hat auf jedem Segment 5 bis 6 Zähne. Die convexe Unterseite ist grauschimmlig, der Bauch führt eine hellbraune unterbrochene Mittellinie.

Aus der Türkei; von Herrn Dr. Frivaldszky.

Tab. CXLII. Fig. 447.

Rhaphigaster torquatus *F.*

R. laete viridis, capitis et thoracis dimidio antico, punctis tribus ad basin scutelli et abdominis margine flavis; ventris basi obtuse spinosa.

Cimex F. S. R. n. 56. — Ent. Syst. n. 107.

Gestalt von R. incarnatus, aber merklich grösser; schön smaragdgrün, überall fein dicht punktirt, die Vorderhälfte des Kopfes und Thorax (beide nicht gerade abgeschnitten), drei Punkte an der Wurzel des Schildchens und der schmale Bauchrand schwefelgelb, das Ende der 3 letzten Fühlerglieder purpurroth.

Diese Art ist gewiss nur Varietät von R. smaragdulus F.

S. Rh. 61. welche sich durch ganz grünen Kopf und Thorax unterscheidet.

Aus Italien; angeblich auch auf Madeira und in Ostindien.

Tab. CXLII. Fig. 448.

Eurydema stolidnm *Friv.*

E. nigrocoeruleum, capitis maculis duabus triangularibus, thoracis et elytrorum margine externo, illius etiam antico et vitta media, scutelli punctis duobus basalibus et lunula apicis flavis, rubro tinctis.

Bedeutend kleiner, besonders kürzer als E. oleraceum, eben so punktirt. Bei einem andern Exemplar sind die beiden Flecke des Kopfes zu einem Querbaud, und die drei des Schildchens zu einer Einfassung verbunden. Unten gelb, mit rothem Anflug, der Hinterleib mit drei schwarzen Längsstreifen. Die Beine gelblich, mit schwarzen Längslinien. Die Membran schwarzbraun, mit breit weissem Rande, meistens klein.

Aus der Türkei, Frivaldszky; Griechenland, Dr. Schuch.

Tab. CXLII. Fig. 449.

Asopus sanguinipes *F.*

Fuscus, scutelli apice, rostro et pedibus ferrugineis.

Cimex *Fabr.* Syst. Rh. n. 3. — Ent. S. n. 55.

Grösse und Gestalt so ziemlich von Cim. rufipes, doch deutlich ein Asopus. Kopf vorn mehr gestutzt, Fühler kürzer und dicker, Ecken des Thorax kürzer und stumpfer, Beine kürzer und dicker, Vorderschienen keulenförmig erweitert, Vorderschenkel mit starkem Zahn. Farbe und Punktirung wie dort Thorax vorne und an den Seiten mit mehr Roth, Schildchen an der Wurzel mit zwei rothen Fleckchen. Spitze des Schildchens breiter. Unterseite schwarz fleckig, am deutlichsten in der Mittellinie des Hinterleibs.

von Herrn Fieber in Prag; angeblich aus Böhmen.

Tab. CXLIII. Fig. 450.

Asopus floridanus *L.*

A. Coeruleus, rostro, femorum basi, abdominis medio, maculisque tribus scutelli coccineis.

Burm.. p. 387. n. 8

Cimex F. S. Rh. p. 158. n. 17. — *Linn.* Syst. Nat. I. 2. p. 719. n. 26.

Glänzend blau, fein punktirt; die Ecken des Thorax treten scharf, gerade nach der Seite und zweispitzig vor, die vordere Spitze ein wenig länger. Vorderschenkel und Bauch ohne Dorn, Vorderschienen stark erweitert.

Aus Mittelamerika. Von Herrn Sturm.

Asopus trivittatus *mihi.*

A. coeruleus, femorum basi, thoracis vittis tribus et scutelli apice coccineis, hujus basi ferruginea.

Vielleicht nur Abänderung voriger Art, oder Geschlechtsunterschied; grösser., Kopf und Schildchenspitze breiter, Vorderschienen weniger erweitert.

Von Herrn Sturm, aus Mittelamerika.

Tab. CXLIII. Fig. 452.

Asopus ulceratus *Klug.*

A. ventre basi spinoso, miniaceus, thorace et scutello antice tuberculis vesicaeformibus; elytrorum puncto medio, antennis, tarsis et tibiarum posteriorum apice nigris, harum medio albo.

Vorderschienen sehr stark erweitert, vorne innen mit einem Kamme schwarzer Zähnchen; Vorderschenkel mit einem Zahn. Die Ecken des Thorax sehr weit seitwärts und ein wenig vorwärts vortretend, an der Rückseite vor der Spitze ausgeschnitten. Die Oberfläche ungleichmässig punktirt, die kugligen Erhabenheiten glatt. Membran bräunlich mit weissem Fleck in der Mitte des Aussenrandes.

Von der Küste Koromandel. Von Herrn Sturm.

Fig. A B zeigt den Kopf von unten und von der Seite.

Tab. CXLIV. Fig. 453.

Halys pupillata *mihi.*

H. capite inciso, utrinque ante antennarum basin rectangulo, tibiis simplicibus, fusca, rugoso punctata, ad scutelli basin utrinque maculis nonnullis nigro - opacis, flavido cinctis.

Ich möchte diese Art fast für eins mit Wolfs H. serrata f. 178 halten, wenn nicht das Vaterland der letzteren (Guinea), die dicken hellen Fühler und das an der Wurzel unbezeichnete Schildchen widersprächen.

Gegenwärtige Art ist braungelb, durch dicht stehende gröbe, in der Mitte meist mit einem Wärzchen versehene, dunklere Hohlpunkte erdbraun erscheinend, auf den Dekken bleiben einzelne Stellen punktfrei und daher glatt und heller. Die mattschwarzen, vertieften, gelblich umzogenen Flecke an der Wurzel des Schildchens sind bei den wenigsten Exemplaren so deutlich als in der Abbildung.

Aus Georgien in Amerika. Hr. Sturm.

INDEX

zum IV. Bande der wanzenartigen Insekten.

Lightning Source UK Ltd.
Milton Keynes UK
UKHW021609110119

335365UK00008B/708/P